技师学院"十三五"系列教材

工业机器人技术基础

主　编　杨杰忠　邹火军
副主编　刘学忠　叶光显　关文涛
参　编　李仁芝　陈令平　刘国磊　黄　波
　　　　陈小青　徐　扬　韦邦令　陈　佐
　　　　罗春来　周立刚　杨宏声

机械工业出版社

本书以典型工作任务为主线，以应用为目的，并与技能训练有机结合，主要包括工业机器人基础知识、工业机器人示教编程、工业机器人基础应用和工业机器人管理与维护四大模块内容，在每个模块下又包含与实际生产紧密联系的工作任务。

　　本书可作为技工院校和职业技术院校工业机器人相关专业教材，也可作为相关培训机构的培训用书，还可作为相关技术人员的参考用书。

图书在版编目（CIP）数据

工业机器人技术基础/杨杰忠，邹火军主编. —北京：机械工业出版社，
2017.11（2025.8 重印）
技师学院"十三五"系列教材
ISBN 978-7-111-58380-6

Ⅰ.①工…　Ⅱ.①杨…②邹…　Ⅲ.①工业机器人-职业教育-教材
Ⅳ.①TP242.2

中国版本图书馆 CIP 数据核字（2017）第 264696 号

机械工业出版社（北京市百万庄大街 22 号　邮政编码 100037）
策划编辑：陈玉芝　责任编辑：陈玉芝　王　博　责任校对：樊钟英
封面设计：张　静　责任印制：单爱军
中煤（北京）印务有限公司印刷
2025 年 8 月第 1 版第 8 次印刷
187mm×260mm·13.75 印张·374 千字
标准书号：ISBN 978-7-111-58380-6
定价：39.00 元

电话服务　　　　　　　　　网络服务
客服电话：010-88361066　　机　工　官　网：www.cmpbook.com
　　　　　010-88379833　　机　工　官　博：weibo.com/cmp1952
　　　　　010-68326294　　金　书　网：www.golden-book.com
封底无防伪标均为盗版　　机工教育服务网：www.cmpedu.com

序

　　"十三五"期间，加速转变生产方式，调整产业结构，将是我国国民经济和社会发展的重中之重。而要完成这种转变和调整，就必须有一大批高素质的技能型人才作为坚实的后盾。根据《国家中长期人才发展规划纲要（2010—2020年）》的要求，至2020年，我国高技能人才占技能劳动者的比例将由2008年的24.4%上升到28%（目前一些经济发达国家的这一比例已达40%）。可以预见，作为高技能人才培养重要组成部分的高级技工教育，在未来的10年必将会迎来一个高速发展的黄金时期。

　　近年来，各职业院校纷纷开展工业机器人应用与维护专业高级工培养的试点工作，并取得了较好的效果。但由于起步较晚，课程体系、教学模式都还有待完善和提高，教材建设也相对滞后，至今还没有一套适合高级技工教育快速发展需要的成体系且高质量的教材。现有工业机器人应用与维护专业的高级工教材或是内容陈旧，实用性不强；或是形式单一，无法突出高技能人才培养的特色，更没有形成合理的体系。因此，开发一套体系完整、特色鲜明、适合理论实践一体化教学，反映企业最新技术与工艺的工业机器人应用与维护专业高级工教材，就成为高级技工教育亟待解决的课题。

　　鉴于工业机器人应用与维护高级技工短缺的现状，广西机电技师学院与机械工业出版社从2014年6月开始，组织相关人员，采用走访、问卷调查和座谈会等方式，对国内具有代表性的机电行业企业、部分省市的职业院校进行了调研，了解到了目前企业对工业机器人应用与维护高级工知识和技能的要求，学校对工业机器人应用与维护专业高级工的教育教学现状、教学和课程改革情况以及对教材的需求等。在此基础上，紧紧依托行业优势，以为企业输送满足岗位需求的合格人才为最终目标，组织了行业和技能教育方面的专家对本套教材的编写内容、编写模式等进行了深入探讨，最终形成了编写框架。

　　本套教材的编写指导思想明确，坚持以达到国家职业技能鉴定标准和就业能力为目标，以专业（工种）的工作内容为主线，以工作任务为引领，由浅入深，循序渐进，精简理论，突出核心技能与实操能力，使理论与实践融为一体，充分体现"教、学、做合一"的教学思想，致力于构建符合当前教学改革方向，以培养应用型、技术型和创新型人才为目标的教材体系。

　　本套教材重点突出三个特色。一是"新"字当头，即体系新、模式新和内容新。体系新是指把教材由以学科体系为主转变为以专业技术体系为主；模式新是指把教材由传统章节模式为主转变为以工作过程的项目任务为主；内容新是指教材充分反映了新材料、新工艺、新技术、新方法等"四新"知识。二是注重科学性。教材从体系、模式到内容均符合教学规律，符合国内外制造技术水平的实际情况。在具体任务和实例的选取上，突出先进性、实用性和典型性，便于组织教学，以提高学生的学习效率。三是体现普适性。由于当前工业机器人应用与维护专业高级工生源既有中职毕业生，又有高中生，各自学制不同，此外还要考虑到在职培训，教材内容在编排上以最大程度照顾到了不同层次的求学者，适用面广泛。

　　此外，本套教材还配备了电子教学数字化资源库，以及相应的实习教程和现场操作视频等，初步实现了教材的立体化。

我们相信，本套教材的出版，对深化职业技术教育改革，提高工业机器人应用与维护专业高级工培养的质量，都会起到积极的作用。在此，我谨向各位作者和为这套教材提供帮助的学者和单位表示衷心的感谢。

广西机电技师学院院长　向金林

前言

为贯彻全国职业院校坚持以就业为导向的办学方针,实现以课程对接岗位、教材对接技能的目标,更好地适应"工学结合、任务驱动模式"教学的要求,满足项目教学法的需要,特编写了本书。本书依据国家职业技能标准编写,各个知识点和操作技能都以任务的形式出现。本书精心选择教学内容,对专业技术理论及相关知识并没有追求面面俱到,过分强调学科的理论性、系统性和完整性,但力求涵盖国家职业技能标准中必须掌握的知识和具备的技能。

本书共分为四大模块,即工业机器人基础知识、工业机器人示教编程、工业机器人基础应用、工业机器人管理与维护。每个模块又划分为不同的任务。在任务选择上,以典型的工作任务为载体,坚持以能力为本位,重视实践能力的培养;在内容组织上,整合相应知识和技能,实现理论和操作的统一,有利于实现"理实一体化"教学,充分体现了认知规律。

本书是在充分吸收和借鉴国内外职业教育先进理念的基础上,总结了众多院校一体化教学改革的经验,集众多一线教师多年的教学经验和企业实践专家的智慧完成的,在编写过程中,力求实现内容通俗易懂,既方便教师教学又方便学生自学。特别是在操作技能部分,图文并茂,侧重于对程序设计、电路安装、通电试机过程和故障检修内容的细化,以提高学生在实际工作中分析和解决问题的能力,实现职业教育与社会生产实际的紧密结合。本书配有电子课件和教学大纲,如有需求请与编辑联系:414171716@qq.com。

本书在编写过程中得到了广西机电技师学院、广西柳州钢铁集团、上汽通用五菱汽车有限公司、柳州九鼎机电科技有限公司的同行们的大力支持,在此一并表示感谢。

由于编者水平有限,书中错漏和不妥之处在所难免,恳请读者批评指正。

编　者

目录

模块一

工业机器人基础知识

任务1　认识工业机器人

学习目标

知识目标：1. 掌握工业机器人的定义。
　　　　　2. 熟悉工业机器人的常见分类及其行业应用。
　　　　　3. 了解工业机器人的发展现状和趋势。
能力目标：1. 能结合工厂自动化生产线叙述搬运机器人、码垛机器人、装配机器人、涂装机器人和焊接机器人的应用场合。
　　　　　2. 能进行简单的机器人操作。

工作任务

　　机器人技术是综合了计算机、控制论、机构学、信息和传感技术、人工智能以及仿生学等多种学科而形成的高新技术，是目前研究十分活跃、应用日益广泛的领域。而且，机器人应用情况是反映一个国家工业自动化水平的重要标志。本次任务的主要内容就是，通过现场参观了解工业机器人的现状和发展趋势，认识工业机器人相关企业；现场观摩或在技术人员的指导下操作 ABB 等工业机器人，了解其基本组成。

相关知识

一、工业机器人的定义及特点

1. 工业机器人的定义

国际上对工业机器人的定义有很多。

美国机器人工业协会（RIA）将工业机器人定义为："工业机器人是用来搬运材料、零部件、工具等可再编程的多功能机械手，或通过不同程序的调用来完成各种工作任务的特种装置。"

日本工业机器人协会（JIRA）将工业机器人定义为："工业机器人是一种装备有记忆装置和末端执行器的，能够转动并通过自动完成各种移动来代替人类劳动的通用机器。"

在我国 1989 年的工业机器人国家标准草案中，工业机器人被定义为："一种自动定位控制，可重复编程的、多功能的、多自由度的操作机。"操作机被定义为："具有和人手臂相似的动作功能，可在空间抓取物体或进行其他操作的机械装置。"

国际标准化组织（ISO）于 1984 年将工业机器人定义为："工业机器人是一种自动的、位置可控的、具有编程能力的多功能机械手，这种机械手具有几个轴，能够借助于可编程的操作来处理各种材料、零件、工具和专用装置，以执行各种任务。"

2. 工业机器人的特点

（1）可编程　生产自动化的进一步发展是柔性自动化。工业机器人可随其工作环境变化的需要而再编程，因此它在小批量、多品种具有均衡高效率的柔性制造过程中能发挥明显优势，是柔性制造系统中的一个重要组成部分。

（2）拟人化　工业机器人在机械结构上有类似人的行走、腰转、大臂、小臂、手腕、手爪等部分，在控制上有计算机。此外，智能化工业机器人还有许多类似人类的"生物传感器"，如皮肤型接触传感器、力传感器、负载传感器、视觉传感器、声觉传感器和语音功能传感器等。

（3）通用性　除了专门设计的专用工业机器人外，一般机器人在执行不同作业任务时具有较好的通用性。例如，更换工业机器人手部末端执行器（手爪、工具等）便可使其执行不同的作业任务。

（4）机电一体化　第三代智能机器人不仅具有获取外部环境信息的各种传感器，而且还具有记忆能力、语言理解能力、图像识别能力和推理判断能力等人工智能，这些都是微电子技术的应用，特别是与计算机技术的应用更加密切相关。工业机器人与自动化成套技术，集中并融合了多项学科，涉及多项技术领域，包括工业机器人控制技术、机器人动力学及仿真、机器人构建有限元分析、激光加工技术、模块化程序设计、智能测量、建模加工一体化和工厂自动化及精细物流等先进制造技术，技术综合性强。

二、工业机器人的历史和发展趋势

1. 工业机器人的诞生

"机器人"（Robot）这一术语是 1921 年捷克著名剧作家、科幻文学家、童话寓言家卡雷尔·恰佩克首创的，并一直沿用至今。不过，人类对于机器人的梦想却已延续了数千年之久。例如古罗马神话中冶炼之神用黄金打造的机械仆人，希腊神话《阿鲁哥探险船》中的青铜巨人泰洛斯，犹太传说中的泥土巨人，我国西周时代能歌善舞的木偶"倡者"和三国时期诸葛亮的"木牛流马"传说等。而到了现代，科技的进步让机器人不再停留在科幻故事里，它正一步步"潜入"人类生活的方方面面。1959 年，美国发明家英格伯格与德沃尔制造了世界上第一台工业机器人 Unimate（见图 1-1-1），这个外形类似坦克炮塔的机器人可实现回转、伸缩和俯仰等动作，被视为现代机器人的开端。之后，不同功能的工业机器人相继出现并且活跃在不同的领域。

图 1-1-1　世界上第一台工业机器人 Unimate

2. 工业机器人的发展现状

机器人技术作为 20 世纪人类最伟大的发明之一，自 60 年代初问世以来，从简单机器人到智能机器人，其发展已取得长足进步。从近几年问世的产品来看，工业机器人技术正向智能化、模块化和系统化方向发展，其发展趋势主要为：结构模块化和可重构化；控制技术开放化、PC 化和网络化；伺服驱动技术数字化和分散化；多传感器融合技术实用化；工作环境设计的优化和作业的柔性化等。

2005 年，日本 YASKAWA 公司推出能够从事此前由人类完成组装及搬运作业的工业机器人 MOTOMAN-DA20 和 MOTOMAN-IA20，如图 1-1-2 所示。

MOTOMAN-DA20 是一款在仿造人类上半身的构造物基础上配备 2 个 6 轴驱动臂型"双臂"机器人。上半身构造物本身也具有绕垂直轴旋转的关节，尺寸与"成年男性大体相同"，可直接配置在此前人类进行作业的场所。因为可实现接近人类两臂的动作及构造，不仅可以稳定地搬运工件，还可以从事紧固螺母以及部件的组装和插入等作业。另外，与协调控制 2 个驱动臂型机器人相比，设置面积更小。单臂负重能力为 20kg，双臂最大可搬运 40kg 的工件。

MOTOMAN-IA20 是全球首款通过 7 轴驱动再现人类肘部动作的臂型机器人，因此动作更加接近人类。一般来说，人类手臂具有 7~8 个关节，此前的 6 轴机器人，可再现 3 个手臂关节和 3 个手腕关节。而 MOTOMAN-IA20 则在此基础上增加了 1 个肘部关节，这样就可以实现肘部折叠或伸出手臂的动作。正是因为这样构造差异，6 轴机器人的胸部成为工作"死区"，而 7 轴机器人可将胸部作为动作区域来使用，另外还可以实施绕开靠近机身障碍物的动作。

2010 年意大利 COMAU 公司宣布 SMART5 PAL 码垛机器人研制成功，如图 1-1-3 所示，该机器人专为码垛作业设计，采用新型控制单元 C5G 和无线示教，有效载荷范围为 180~260kg，作业半径为 3.1m，同时共享机器人家族的中空腕技术和机械配置选项。该机器人符合人体工程学，采用一流碳纤维杆，整体轻量化设计，线速度高，能有效减少和优化时间节拍。该机器人能满足一般工业部门客户的高质量要求，主要应用在装卸、多个产品拾取、码垛和高速操作等场合。

a) 双臂机器人 MOTOMAN-DA20　　b) 7轴机器人 MOTOMAN-IA20

图 1-1-2　YASKAWA 机器人

图 1-1-3　COMAU 码垛机器人 SMART5 PAL

同年，德国 KUKA 公司的机器人产品——气体保护焊接专家 KR 5arc HW（见图 1-1-4）赢得"Red Dot：优中之优"杰出设计奖。其机械臂和机械手上各有一个直径为 50mm 的通孔，有效保护机械臂上整套气体软管。不仅可以避免气体软管组件受到机械性损伤，而且可以防止其在机器人改变方向时随意甩动。既可敷设抗扭转软管组件，也可用于无限转动的气体软管组件。对用户来说，这不仅意味着提高了构件的可接近性，保证了对整套软管的最佳保护，而且简化了离线编程。

日本 FANUC 公司生产的 Robot M-3iA 装配机器人可采用四轴或六轴模式，具有独特的平行连接结构，并且还具备轻巧便携的特点，承重极限 6kg，如图 1-1-5 所示。此外，这种装配机器人在同等级机器人（1350mm×500mm）中工作行程最大。六轴模式下的 M-3iA 具备一个三轴手腕用于处理复杂的生产线任务，还能按要求旋转零件，几乎可与手工媲美。四轴模式下的 M-3iA 具备一个单轴手腕，可进行简单快速的拾取操作，工作速度可达 4000°/s。另外，手腕的中空设计使电缆可在内部敷设，大大降低了电缆的损耗。

图 1-1-4　KUKA 焊接机器人 KR 5arc HW

图 1-1-5　FANUC 装配机器人 Robot M-3iA

国际工业机器人技术日趋成熟，基本沿着两个路径发展：一是模仿人的手臂，实现多维运动，在应用上比较典型的是点焊、弧焊机器人；二是模仿人的下肢运动，实现物料输送、传递等搬运功能，例如搬运机器人。机器人研发水平最高的是日本、美国与欧洲国家。日本在工业机器人领域研发实力强劲，全球曾一度有 60% 的工业机器人来自日本；美国则在特种机器人研发方面全球领先。它们的工业机器人发展模式各有特点：

（1）日本模式　各司其职，分层面完成交钥匙工程。即机器人制造厂商以开发新型机器人和批量生产优质产品为主要目标，由其子公司或第三方工程公司来设计制造各行各业所需要的机器人成套系统。

（2）欧洲模式　一揽子交钥匙工程。即机器人的生产和用户所需要的系统设计制造工作，全部由机器人制造商自己完成。

（3）美国模式　采购与成套设计相结合。美国国内基本上不生产普通的工业机器人，企业所需机器人通常由工程公司进口，再自行设计和制造配套的外围设备。

总之，机器人行业的发展模式与 30 年前的计算机行业极为相似。机器人制造公司没有统一的操作系统软件，流行的应用程序很难在五花八门的装置上运行。机器人硬件标准化工作也尚未开始，在一台机器人上使用的编程代码，几乎不可能在另一台机器上发挥作用。如果想开发新的机器人，通常需要从零开始。

我国在机器人领域的发展尚处于起步阶段，就整体而言，国产工业机器人在精度、速度等方面不如同类进口产品，特别是在关键核心技术上还没有取得相应突破。具体现状如下：

（1）技术水平低端有待改善　机器人制造包括整机制造、控制系统、伺服电动机与驱动器以及减速器等方面，其中控制系统和减速器的核心技术仍由国外企业掌握，国内企业只能发挥组装优势，即将已接近成品的各部分模块组装到一起。然而，许多零部件的缺失使得国内企业在拓展产业链条方面颇受掣肘，而高昂的进口费用也极易威胁企业的生存。

（2）产业链条亟待充实与规范　与其他高端装备制造领域的情况不同，机器人制造主要集中在民营企业，产能规模无法比拟航空航天等产业，研发成果也难以在有利平台得到展现。加之缺乏国企的规模管理导致产业链条过于松散，无法实现集群式发展。而在主流的工业机器人领域，配套产业及设备的集群效应恰恰是机器人制造的关键。因此，只有具备完善的产业链条，工业机器人领域盈利空间才能得到提升。

3. 工业机器人的发展趋势

（1）高性能化　工业机器人技术正向高速度、高精度、高可靠性、便于操作和维修方向发展，且单机价格不断下降。

（2）机械结构模块化、可重构化　例如，关节模块中的伺服电动机、减速机和检测系统三位一体化；由关节模块、连杆模块通过重组方式构造机器人整机；国外已有模块化装配机器人产品问世。

（3）本体结构更新加快　随着技术的进步，机器人本体近10年来发展变化迅速。以安川公司 MOTOMAN 机器人产品为例。L 系列机器人延续10年，K 系列机器人延续5年，SK 系列机器人仅延续3年。1998年年底，安川公司推出了最新一代的 UP 系列机器人，其最突出的特点是：大臂采用新型非平行四边形单连杆机构，工作空间有所增加，本体自重进一步减少，变得更加轻巧。

（4）控制系统开放化　控制系统向基于 PC 的开放型控制器方向发展，便于标准化和网络化；器件集成度提高，控制柜日见小巧。

（5）多传感器融合技术实用化　机器人中的传感器作用日益重要，除传统的位置、速度和加速度等传感器外，装配、焊接机器人还应用了视觉和力觉传感器；遥控机器人则采用视觉、声觉、力觉以及触觉等传感器的融合技术来进行环境建模及决策控制。

（6）多智能体调控制技术　多智能体调控制技术是目前机器人研究的一个崭新领域。主要对多机器人协作、多机器人通信、多智能体的群体体系结构、互相通信与磋商机理，感知与学习方法，建模和规划、群体行为控制等方面进行研究。

三、工业机器人分类

关于工业机器人分类，国际上没有制定统一标准，有的按负载重量分，有的按控制方式分，有的按自由度分，有的按结构度分，还有的按应用度分。例如机器人首先在制造业大规模应用，所以机器人曾被简单地分为两类，即用于汽车、IT、机床等制造业的机器人被称为工业机器人，其他的机器人被称为特种机器人。随着机器人应用的日益广泛，这种分类方式显得过于粗糙。目前除工业领域之外，机器人技术已经广泛应用于农业、建筑、医疗、服务、娱乐，以及空间和水下探索等领域。依据具体应用领域的不同，工业机器人又可分为物流、码垛、服务等搬运型机器人和焊接、车铣、修磨、注塑等加工型机器人等。可见，机器人的分类方法和标准很多，本书主要介绍以下两种工业机器人的分类法。

1. 按机器人技术等级划分

按照机器人技术发展水平可以将工业机器人分为三代。

（1）示教再现机器人　第一代工业机器人是示教再现型。这类机器人能够按照人类预先示教的轨迹、行为、顺序和速度重复作业。示教可以由操作人员手把手地进行，比如操作人员握住机器人上的喷枪，沿涂装路线示范一遍，机器人记住这一连串运动，工作时，自动重复这些运动，从而完成给定位置的涂装工作。这种方式即所谓的"直接示教"，如图 1-1-6a 所示。但是，比较普遍的方式是通过示教器示教，如图 1-1-6b 所示。操作人员利用示教器上的开关或按键来控制机器人一步一步运动，机器人自动记录，然后重复。目前在工业现场应用的机器人大多属于第一代。

（2）感知机器人　第二代工业机器人具有环境感知装置，能在一定程度上适应环境的变化，目前已进入应用阶段，如图 1-1-7 所示。以焊接机器人为例，一般是通过示教方式给出机器人的运动曲线，机器人携带焊枪沿该曲线进行焊接。这就要求工件的一致性要好，即工件被焊接位置十分准确。否则，机器人携带焊枪所走的曲线和工件的实际焊缝位置会有偏差。

a) 手把手示教

b) 示教器示教

图 1-1-6   示教再现工业机器人

为解决这个问题，第二代工业机器人（应用于焊接作业时），采用焊缝跟踪技术，通过传感器感知焊缝的位置，再通过反馈控制，机器人就能够自动跟踪焊缝，从而对示教位置进行修正，即使实际焊缝相对于原始设定的位置有变化，机器人仍然可以很好地完成焊接工作。类似技术正越来越多地应用于各类工业机器人。

（3）智能机器人   第三代工业机器人被称为智能机器人，如图 1-1-8 所示，具有发现问题，并且能自主解决问题的能力，尚处于实验研究阶段。这类机器人具有多种传感器，不仅可以感知自身的状态，比如所处的位置、自身的故障，而且能够感知外部环境的状态，比如自动发现路况，测出协作机器的相对位置、相互作用力等。更重要的是，智能机器人能够根据获得的信息，进行逻辑推理和判断决策，在变化的内部状态与变化的外部环境中自主决定自身的行为，能完成更加复杂的动作，还具备故障自我诊断及修复能力。

图 1-1-7   有感知能力的工业机器人

图 1-1-8   智能机器人

2. 按机器人机构特征划分

工业机器人的机械配置形式多种多样，典型机器人的机构运动特征是用其坐标特征来描述的。按基本动作机构，工业机器人通常可分为直角坐标机器人、柱面坐标机器人、球面坐标机器人和多关节机器人等类型。

（1）直角坐标机器人   直角坐标机器人具有空间上相互垂直的多个直线移动轴，通常为 3 个，如图 1-1-9 所示。通过直角坐标方向的 3 个独立自由度确定其手部的空间位置，其动作空间呈长方体。直角坐标机器人结构简单，定位精度高，空间轨迹易于求解；但其动作范围相对较小，设备的空间因数较低，达到相同的动作空间要求时，机体本身的体积较大。

a) 示意图　　　　　　　　　　b) 实物图

图 1-1-9　直角坐标机器人

（2）柱面坐标机器人　柱面坐标机器人的空间位置机构主要由旋转基座、垂直移动和水平移动轴构成，如图 1-1-10 所示。其具有一个回转和两个平移自由度，动作空间呈圆柱体。这种机器人结构简单、刚性好，但缺点是在机器人的动作范围内，必须有沿轴线前后方向的移动空间，空间利用率较低。

a) 示意图　　　　　　　　　　b) 实物图

图 1-1-10　柱面坐标机器人

（3）球面坐标机器人　如图 1-1-11 所示，其空间位置分别由旋转、摆动和平移 3 个自由度确定，动作空间形成球面的一部分。其机械手能够做前后伸缩移动，在垂直平面上摆动以及绕底座在水平面上移动。著名的 Unimate 机器人就是这种类型的机器人。其特点是结构紧凑，所占空间体积小于直角坐标和柱面坐标机器人，但仍大于多关节机器人。

球(极)坐标

a) 示意图　　　　　　　　　　b) 实物图

图 1-1-11　球面坐标机器人

（4）多关节机器人　由多个旋转和摆动机构组合而成。这类机器人结构紧凑、工作空间大、动作最接近人的动作，对涂装、装配、焊接等多种作业都有良好的适应性，应用范围越来越广。不少的机器人产品都采用了这种形式，其摆动方向主要有铅垂方向和水平方向两种，因此这类机器人又可分为垂直多关节机器人和水平多关节机器人。如美国 Unimation 公司 20世纪 70 年代末推出的机器人 PUMA 就是一种垂直多关节机器人，而日本由梨大学研制的机器人 SCARA 则是一种典型的水平多关节机器人。目前世界工业界装机数量最多的工业机器人是 SCARA 型四轴机器人和串联关节型垂直六轴机器人。

1）垂直多关节机器人。垂直多关节机器人模拟了人类的手臂功能，由垂直于地面的腰部旋转轴（相对于大臂旋转的肩部旋转轴）、带动小臂旋转的肘部旋转轴以及小臂前端的手腕等构成。手腕通常由 2~3 个自由度构成，其动作空间近似一个球体，所以也被称为多关节球面机器人，如图 1-1-12 所示。其优点是可以自由实现三维空间的各种姿势，可以生成各种复杂形状的轨迹；相对机器人的安装面积，其动作范围很宽。缺点是结构刚度较低，动作的绝对位置精度较低。

2）水平多关节机器人。水平多关节机器人在结构上具有两个串联配置的能够在水平面内旋转的手臂，其自由度可以根据用途选择 2~4 个，动作空间呈圆柱体，如图 1-1-13 所示。其优点是在垂直方向上的刚性好，能方便地实现二维平面的动作，在装配作业中得到广泛应用。

图 1-1-12　垂直多关节机器人

图 1-1-13　水平多关节机器人

四、工业机器人应用

工业机器人是集机械、电子、控制、计算机、传感器和人工智能等多学科先进技术于一体的现代制造业的重要自动化装备。在国外，工业机器人技术日趋成熟，已经成为一种标准设备而得到工业界广泛应用。

自 1969 年，美国通用汽车公司用 21 台工业机器人组成了焊接轿车车身的自动生产线后，各工业发达国家都非常重视研制和应用工业机器人，进而也相继形成一批在国际上较有影响力的著名工业机器人公司。这些公司目前在中国的工业机器人市场所占份额也处于领先地位，并且分为日系和欧系两派。具体又可分成"四大"和"四小"两个阵营："四大"即为瑞典 ABB、日本 FANUC 及 YASKAWA 和德国 KUKA；"四小"为日本 OTC、PANA、SONIC、NACHI 及 KAWASAKI。其中，日本 FANUC 与 YASKAWA、瑞典 ABB 三家企业在全球机器人销量均突破了 20 万台，KUKA 机器人的销量突破了 15 万台。国内也涌现出一批工业机器人厂商，其中既有像沈阳新松这样的国内机器人技术领先者，也有像南京埃斯顿、广州数控这些伺服、数控系统厂商。图 1-1-14 所示为近年来工业机器人行业应用分布，超过 30% 的工业机器人被用于汽车领域，主要进行搬运、码垛、焊接、涂装和装配等作业。

（1）机器人搬运 搬运作业是指用一种设备握持工件，从一个加工位置移到另一个加工位置。搬运机器人可安装不同的末端执行器（如机械手爪、真空吸盘、电磁吸盘等）以完成各种不同形状和状态的工件搬运，大大减轻了人类繁重的体力劳动，通过编程控制，可以让多台机器人配合各个工序不同设备的工作时间，实现流水线作业的最优化。搬运机器人具有定位准确，工作节拍可

图 1-1-14 近年来工业机器人行业应用分布

调，工作空间大，性能优良，运行平稳，维修方便等特点。目前世界上服役的搬运机器人已超过 10 万台，被广泛应用于机床上下料、自动装配流水线、码垛搬运、集装箱搬运等，机器人搬运机床上下料如图 1-1-15 所示。

（2）机器人码垛 机器人码垛是机电一体化高新技术产品，如图 1-1-16 所示。它可满足中低量的生产需要，也可按照要求的编组方式和层数，完成对料带、胶块、箱体等各种产品的码垛。机器人替代人工搬运、码垛，能迅速提高企业的生产效率和产量，同时能减少人工搬运造成的错误；机器人码垛可全天候作业，由此每年能节约大量的人力资源成本。码垛机器人被广泛应用于化工、饮料、食品、啤酒和塑料等生产企业，对纸箱、袋装、罐装、啤酒箱、瓶装等各种形状的包装成品都适用。

图 1-1-15 机器人搬运机床上下料

图 1-1-16 机器人码垛

（3）机器人焊接 机器人焊接是目前最大的工业机器人应用领域（如工程机械、汽车制造、电力建设、钢结构等），它能在恶劣的环境下连续工作并能提供稳定的焊接质量，提高了工作效率，减轻了工人的劳动强度。采用机器人焊接是焊接自动化的革命性进步，它突破了焊接刚性自动化（焊接专机）的传统方式，开拓了一种柔性自动化生产方式，可实现在一条焊接机器人生产线同时自动生产若

图 1-1-17 机器人焊接

干种焊件，如图1-1-17所示。

（4）机器人涂装　机器人涂装工作站或生产线充分利用了机器人灵活、稳定和高效的特点，适用于生产量大、产品型号多且表面形状不规则的工件外表面涂装，广泛应用于汽车、汽车零配件（如发动机、保险杠、变速器、弹簧、板簧、塑料件和驾驶室等）、铁路（如客车、机车和油罐车等）、家电（如电视机、电冰箱、洗衣机、计算机和手机等外壳）、建材（如卫生陶瓷）以及机械（如电动机减速器）等行业，如图1-1-18所示。

（5）机器人装配　装配机器人是柔性自动化系统的核心设备，如图1-1-19所示。其末端执行器为适应不同的装配对象而设计成各种"手爪"；传感系统用于获取装配机器人与环境和装配对象之间相互作用的信息。与一般工业机器人相比，装配机器人具有精度高、柔顺性好、工作范围小，以及能与其他系统配套使用等特点，主要应用于各种电器的制造行业及流水线产品的组装作业。

图 1-1-18　机器人涂装

图 1-1-19　鼠标装配

综上所述，在工业生产中应用机器人，可以方便迅速地改变作业内容或方式，以满足生产要求的变化。比如，改变焊缝轨迹，改变涂装位置，变更装配部件或位置等。随着工业生产线对柔性度的要求越来越高，对各种机器人的需求也会越来越强烈。

五、工业机器人的安全使用

机器人与一般的自动化设备不同，可在动作区域范围内高速自由运动，最高运行速度可以达到4m/s，所以在操作机器人时必须严格遵守机器人操作规程，并且熟知机器人安全注意事项。

1. 工业机器人安全注意事项

1）所有工业机器人操作人员必须对自己的安全负责，在使用机器人时必须遵守所有的安全条款规范操作。

2）机器人程序的编程人员、机器人应用系统的设计和调试人员和安装人员必须接受授权培训机构的操作培训才可进行单独操作。

3）在进行机器人的安装、维修和保养时切记要关闭总电源。带电操作容易造成电路短路损坏机器人，并使操作人员有触电危险。

4）在调试与运行机器人时，其动作具有不可预测性，任何动作都有可能产生碰撞而造成伤害，所以除调试人员以外的所有人员要与机器人保持足够的安全距离，一般应与机器人工作半径保持1.5m以上的距离。

2. 安全操作规程

（1）示教和手动机器人

1）不要佩戴手套操作示教盘和操作盘。

2）在点动操作机器人时要采用较低的倍率速度以增加对机器人的控制机会。

3）在按下示教盘上的点动键之前要考虑到机器人的运动趋势。

4）要预先考虑好避让机器人的运动轨迹，并确认该线路不受干扰。

5）机器人周围区域必须清洁、无油，水及杂质等。

6）必须确认现场人员穿戴情况，安全帽、安全鞋、工作服是否齐备。

（2）生产运行

1）在开机运行前，须确认机器人根据所编程序将要执行的全部任务。

2）必须掌握所有能控制机器人移动的开关、传感器和控制信号的位置和状态。

3）必须熟记机器人控制器和外围控制设备上的紧急停止按钮的位置，以备在紧急情况下操作。

4）禁止将机器人未移动视作程序运行结束。必须确认再无移动信号输入。

3. 机器人安全使用规则

（1）实施安全教育　出于安全考虑，必须由受过操作教育训练的人员进行示教作业（未切断电力的保养作业也相同）。

（2）制作作业规程　请将示教作业依机器人的操作方法、异常时和再起动时的处理方法等做成相关作业规程，并遵守执行（未切断电力的保养作业也相同）。

（3）设定紧急停止开关　示教作业前请设定可立即停止机器人运转的装置（未切断电力的保养作业亦相同）。

（4）标示示教作业　示教作业时请将［教示作业中］的标识放置在起动开关上（未切断电力的保养作业亦相同）。

（5）设置安全栅栏　运转中请确认使用栅栏将操作人员与机器人做隔离，防止直接接触机台。

（6）说明运转起动信号　运转开始，对于相关人员的信号说明有固定的方法，请依此进行。

（7）标示维护作业　原则上维护作业时请中断电力并将［保养作业中］的标识放置在起动开关上。

（8）作业前的检查　作业开始前请详细检查和确认机器人、紧急停止开关以及相关装置无异常状况。

4. 机器人操作注意事项

1）使用复数的控制机器（GOT、PLC、按钮）执行机器人自动运转时，各机器的操作权互锁请通过客户端自行设计。

2）请在符合规格的环境中使用机器人，否则容易造成机台故障。

3）请依照机器人指定的搬运姿势进行搬运或移动机器人，否则可能因为掉落而造成人身安全或机台故障。

4）请务必将机器人固定在底座上，否则可能产生位置偏移或发生振动。

5）电缆之间的电磁干扰是产生噪声的原因之一，请尽可能将配线拉开距离，否则可能造成机器人位置偏移及错误动作。

6）请勿用力拉扯接头或过度卷曲电缆，否则可能造成接触不良或电缆断裂。

7）夹爪所抓取的工件重量请勿超出额定负荷及允许力矩，否则可能发生异常及故障。

8）请确保抓紧安装工具及夹放的工件，以免因运转中物体甩开而导致人员及物品的损伤。

9）机器人及控制器的接地请可靠接续，否则容易因为噪声而错误动作或导致触电事故发生。

10）机器人在动作中时请标示为运转状态，否则容易导致人员接近或错误操作。

11）在机器人的动作范围内做示教作业时，请务必确保对机器人有优先控制权，否则由外部指令使机器人起动，有可能造成人员及物品损伤。

12）使用寸动功能时请尽量以低速进行，并在操作中请勿将视线离开机器人，否则容易碰撞到工件及周边装置。

13）程序重新编辑后需经过单步执行测试无误，方能输入自动运转，否则可能因程序错误与周边装置发生碰撞。

14）请勿擅自进行机械改造或使用非指定零件，否则可能导致机械故障或损坏。

15）从外部用手推动机器人手臂时，请勿将手伸入开口部位，否则可能会夹伤手或指头。

16）请勿采取关闭控制器主电源的方式使机器人停止运转，否则可能使机器人精度受到影响，甚至发生手臂松动或掉落而影响到周边装置的情况。

17）重写控制器内程序或参数等内部数据时，请勿关闭控制器主电源，否则有可能损坏数据。

任务实施

一、任务准备

实施本任务教学所使用的实训设备及工具材料见表 1-1-1。

表 1-1-1　实训设备及工具材料

序号	分类	名　　称	型号规格	数量	单位
1	工具	电工常用工具		1	套
2	设备器材	工业机器人	ABB 型号自定	1	套
3		工业机器人	KUKA 型号自定	1	套
4		工业机器人	FANUC 型号自定	1	套
5		工业机器人	YASKAWA 型号自定	1	套
6		工业机器人	自定	1	套

二、观看录像

观看工业机器人在工厂自动化生产线中的应用录像，并记录工业机器人的品牌及型号，并查阅相关资料，了解工业机器人的类型、品牌和应用等，填写于表 1-1-2 中。

表 1-1-2　观看工业机器人在工厂自动化生产线中的应用录像记录

序号	类型	品牌及型号	应用场合
1	搬运机器人		
2	码垛机器人		
3	装配机器人		
4	焊接机器人		
5	涂装机器人		

三、参观工厂与实训室

参观实训室如图 1-1-20 所示，记录工业机器人的品牌及型号，并查阅相关资料，了解工业机器人的主要技术指标及特点，完成表 1-1-3。

图 1-1-20　工业机器人基础操作实训室

表 1-1-3　参观工厂与实训室记录

序号	品牌及型号	主要技术指标	特点
1			
2			
3			

四、教师演示操作过程

教师演示工业机器人的操作过程，并说明操作过程的注意事项。

五、学生分组练习

在教师指导下，学生分组进行简单的机器人操作练习。

任务测评

对任务实施的完成情况进行检查，并将结果填入表 1-1-4。

表 1-1-4　任务测评表

序号	主要内容	考核要求	评分标准	配分	扣分	得分
1	观看录像	正确记录工业机器人的品牌及型号，正确描述其主要技术指标及特点	1. 记录工业机器人的品牌、型号有错误或遗漏，每处扣 5 分 2. 描述主要技术指标及特点有错误或遗漏，每处扣 5 分	20		
2	参观工厂	正确记录工业机器人的品牌及型号，正确描述其主要技术指标及特点	1. 记录工业机器人的品牌、型号有错误或遗漏，每处扣 5 分 2. 描述主要技术指标及特点有错误或遗漏，每处扣 5 分	20		

（续）

序号	主要内容	考核要求	评分标准	配分	扣分	得分
3	机器人操作练习	1. 观察机器人操作过程，能说出工业机器人的安全注意事项、安全使用原则和操作注意事项 2. 能正确进行工业机器人的操作	1. 未能说出工业机器人的安全注意事项，扣20分 2. 未能说出工业机器人的安全使用原则，扣20分 3. 未能说出工业机器人的操作注意事项，扣20分 4. 未能根据控制要求，完成工业机器人的简单操作，扣50分	50		
4	安全文明生产	劳动保护用品穿戴整齐；遵守操作规程；讲文明礼貌；操作结束要清理现场	1. 操作中，违犯安全文明生产考核要求的任何一项扣5分，扣完为止 2. 当发现学生有重大事故隐患时，要立即予以制止，并每次扣安全文明生产总分5分	10		
合计				100		
开始时间：			结束时间：			

巩固与提高

一、填空题（将正确答案填入括号内）

1. 按照机器人的技术发展水平，可以将工业机器人分为三代，即_____机器人、_____机器人和_____机器人。

2. 按工业机器人的机构坐标系特点分，机器人分为_____、_____、_____和_____四种。

3. 工业机器人基本特征是_____、_____、_____和_____。

二、选择题（将正确答案的序号填入括号内）

1. 按工业机器人机构坐标系特点分为（　　　）。

①直角坐标型机器人　　　　　　　　②圆柱坐标型机器人

③极坐标型机器人　　　　　　　　　④多关节坐标型机器人

A.①③　　　　　　B.②③　　　　　　C.①②④　　　D.①②③④

2. 目前，超过30%的工业机器人使用在（　　　）领域。

①汽车　　　　　　②食品加工　　　　③电子电器

④金属加工　　　　⑤塑料加工

A.①　　　　　　　B.②④　　　　　　C.②③　　　　D.①⑤

3. 国际上机器人制造商四巨头指的是（　　　）。

①瑞典 ABB　　　　②日本 FANUC　　　③日本 YASKAWA

④德国 KUKA　　　⑤日本 OTC

A.①②③④　　B.①②③⑤　　C.②③④⑤　　D.①③④⑤

三、简答与分析题

1. 请阐述工业机器人的应用实例，并结合实际分析近5年当地工业机器人的发展情况。

2. 工业机器人机械系统总体设计主要包括哪几个方面的内容？

任务2　认识工业机器人机械结构

学习目标

知识目标：1. 掌握机器人的自由度和工作空间概念。
2. 了解机器人的系统组成。
3. 掌握机器人的结构运动简图。
4. 掌握关节坐标机器人机身、臂部、腕部及手部等结构特点及功能。

能力目标：1. 能够根据机器人的结构组成确定其自由度。
2. 能够根据机器人的结构识别机器人的运动。
3. 能够根据工作需求正确选择机器人。

工作任务

工业机器人的机械结构是现代机械原理研究的主要内容，与驱动系统、执行机构和控制系统组成完整的机器人。通常用自由度、工作空间、额定负载、定位精度、重复精度和最大工作速度等技术指标来描述机器人的性能。

本次任务是：通过学习，了解有关工业机器人系统的基本组成、技术参数及运动控制，能够熟练进行机器人坐标系和运动轴的选择，并能够使用示教器熟练操作机器人实现单轴运动、线性运动与重定位运动。

相关知识

一、机器人结构运动简图

机器人结构运动简图是指用结构与运动符号表示机器人手臂、手腕和手指等结构及结构间的运动形式的简易图形符号，见表 1-2-1。

机器人结构运动简图能够更好地分析和记录机器人的各种运动和运动组合，可简单清晰地表明机器人的运动状态，有利于对机器人的设计方案进行直观对比。

二、工业机器人运动自由度

1. 自由度

描述物体相对于坐标系进行独立运动的参数的数目称为自由度。物体在三维空间有 6 个自由度，如图 1-2-1 所示。

图 1-2-1　物体三维空间自由度

2. 工业机器人自由度

机器人的自由度是指描述机器人本体（不含末端执行器）相对于基坐标系（机器人坐标系）进行独立运动的参数的数目。因为自由度可以表示机器人动作灵活的尺度，所以一般以轴可以实现的直线运动、摆动或旋转动作的数目来表示。

表 1-2-1　机器人结构运动简图

序号	运动和结构机能	结构运动符号	图例说明	备注
1	移动 1			
2	移动 2			
3	摆动 1	a) b)		绕摆动轴旋转角度小于 360° 图 b 是图 a 的侧向图形符号
4	摆动 2	a) b)		绕摆动轴 360° 旋转 图 b 是图 a 的侧向图形符号
5	回转 1			一般用于表示腕部回转
6	回转 2			一般用于表示机身回转
7	钳爪式手部			
8	磁吸式手部			
9	气吸式手部			
10	行走机构			
11	底座固定			

在机器人机构中，两相邻连杆之间有一个公共的轴线，并可以沿该轴线相对移动或绕该轴线相对转动，即构成一个运动副，也称为关节。机器人关节的种类决定了机器人的运动自由度，移动关节、转动关节、球面关节和虎克铰关节是机器人机构中经常使用的关节类型。

图 1-2-2 所示为工业机器人的关节类型自由度的表示方法。

移动关节——用字母 P 表示，它允许两相邻连杆沿关节轴线做相对移动，具有 1 个自由度，如图 1-2-2a 所示。

转动关节——用字母 R 表示，它允许两相邻连杆绕关节轴线做相对转动，具有 1 个自由度，如图 1-2-2b 所示。

球面关节——用字母 S 表示，它允许两连杆之间有三个独立的相对转动，具有 3 个自由度，如图 1-2-2c 所示。

虎克铰关节——用字母 T 表示，它允许两连杆之间有两个相对转动，具有 2 个自由度，如图 1-2-2d 所示。

a) 移动关节　　　　b) 转动关节　　　　c) 球面关节　　　　d) 虎克铰关节

图 1-2-2　工业机器人关节类型

（1）直角坐标机器人自由度　如图 1-2-3 所示为直角坐标系机器人，其臂部具有 3 个轴线互相垂直的移动关节，可沿 X、Y、Z 3 个方向移动，构成直角坐标机器人的 3 个自由度。这种形式的机器人主要特点是结构刚度大，关节运动相互独立，操作灵活性差。

图 1-2-3　直角坐标机器人自由度

（2）圆柱坐标机器人自由度　图 1-2-4 所示为五轴圆柱坐标机器人，有 5 个自由度。臂部可沿自身轴线伸缩移动、可绕机身垂直轴线回转，以及沿机身轴线上下移动，构成 3 个自由度；另外，臂部、腕部和末端执行器三者间采用 2 个转动关节连接，构成 2 个自由度。

（3）球（极）坐标机器人自由度　图 1-2-5 所示为球（极）坐标机器人，有 5 个自由度。

臂部可沿自身轴线伸缩移动、可绕机身垂直轴线回转，并可在垂直平面内上下摆动，构成 3 个自由度；另外，臂部、腕部和末端执行器三者间采用 2 个转动关节连接，构成 2 个自由度。这类机器人的灵活性好，工作空间大。

图 1-2-4 圆柱坐标机器人自由度

图 1-2-5 球（极）坐标机器人自由度

（4）关节机器人自由度　关节机器人的自由度与其轴数和关节形式有关，现以常见的 SCARA 平面关节机器人和六轴关节机器人为例分别进行说明。

1）SCARA 型平面关节机器人。SCARA 型平面关节机器人有 4 个自由度，如图 1-2-6 所示。SCARA 型平面关节机器人的大臂与机身的关节、大小臂间的关节都为转动关节，具有 2 个自由度；小臂与腕部的关节为 1 个移动关节，具有 1 个自由度；腕部和末端执行器的关节为 1 个转动关节，实现末端执行器绕垂直轴线的旋转，具有 1 个自由度。这种机器人适用于平面定位，在垂直方向进行装配作业。

2）六轴关节机器人。六轴关节机器人有 6 个自由度，如图 1-2-7 所示。六轴关节机器人的机身与底座的腰关节、大臂与机身处的肩关节、大小臂间的肘关节，以及小臂、腕部和手部三者之间的三个腕关节，均为转动关节，因此该机器人具有 6 个自由度。这种机器人动作灵活，结构紧凑。

（5）并联机器人自由度　并联机器人是由并联方式驱动的由闭环机构组成的机器人。如

图 1-2-6 SCARA 型平面关节机器人自由度

图 1-2-7 六轴关节机器人自由度

图 1-2-8 所示，Gough-Stewart 并联机构和由此机构构成的机器人是典型的并联机器人。与开链式工业机器人的自由度不同，并联机器人不能通过结构关节自由度的个数简单相加得出，可通过公式计算其自由度数。

$$F = 6(l - n + 1) + \sum_{i=1}^{n} f_i$$

式中　　F——机器人自由度数；

　　　　l——机构连杆数；

　　　　n——结构关节总数；

　　　　f_i——第 i 个关节的自由度数。

并联机器人具有无累计误差、精度高、刚度大、承载能力强、速度高、动态响应好、结构紧凑和占用工作空间较小等特点。根据这些特点，并联机器人在需要高刚度、高精度或者大载荷而不需要很大空间的领域内得到了广泛应用。

三、工业机器人坐标系

工业机器人的运动实质是根据不同作业内容和轨迹的要求，在各种坐标系下的运动。工

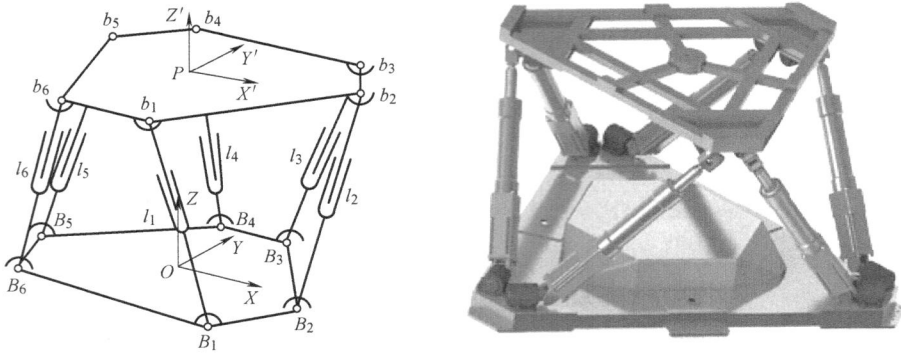

图 1-2-8　Gough-Stewart 并联机构和并联机器人

业机器人的坐标系主要包括：基坐标系、关节坐标系、工件坐标系及工具坐标系，如图 1-2-9 所示。

图 1-2-9　工业机器人坐标系

1. 基坐标系

基坐标系是机器人其他坐标系的参照基础，是机器人示教与编程时经常使用的坐标系之一，对于它的位置没有硬性规定，一般定义在机器人安装面与第一转动轴的交点处。

2. 关节坐标系

关节坐标系的原点位置在机器人关节中心点处，反映了该关节处每个轴相对该关节坐标系原点位置的绝对角度。

3. 工件坐标系

工件坐标系是用户自定义的坐标系，可根据需要定义多个工件坐标系，当配备多个工作台时，选择工件坐标系操作更为简单。

4. 工具坐标系

工具坐标系是原点定义在机器人末端工具中心点（Tool Center Point，TCP）处的坐标系，原点及方向都是随着末端位置与角度变化而不断变化的，该坐标系实际是将基坐标系通过旋转及位移变化而来。因为工具坐标系的移动以工具的有效方向为基准，与机器人的位置和姿势有关，所以进行相对于工件不改变工具姿势的平行移动可采用此种坐标系。

四、工业机器人工作空间

1. 工作空间的概念

（1）工作空间　机器人正常运行时，末端执行器工具中心点 TCP 所能活动的范围。这一空间又称可达空间或总工作空间，记作 $W(P)$。

（2）灵活工作空间　在总工作空间内，末端执行器以任意姿态达到的点所构成的工作空间，记作 $W_p(P)$。

（3）次工作空间　次工作空间是指总工作空间中去掉灵活工作空间所余下的部分，记作 $W_s(P)$。根据定义，有：

$$W(P) = W_p(P) + W_s(P)$$

（4）奇异形位　奇异形位是指总工作空间 $W(P)$ 边界面上的点所对应的机器人的位置和姿态。

灵活工作空间内点的灵活程度受到操作机结构的影响，通常分作两类：

1) Ⅰ类——末端执行器以全方位达到的点所构成的灵活空间，表示为 $W_{p1}(P)$。

2) Ⅱ类——末端执行器只能以有限个方位达到的点所构成的灵活空间，表示为 $W_{p2}(P)$。

（5）举例　图 1-2-10 所示为 3R 操作机工作空间，由三杆 L_1、L_2 和 H 组成，且 $L_1 > L_2 + H$。取手心点 P 为末端执行器的参考点，令 l_1、l_2 分别为 L_1、L_2 杆的长度，h 为取手心点 P 到关节点 O_3 的长度（即 H 杆的长度）则：

1) 圆 C_1 半径：$R_1 = l_1 + l_2 + h$（见图1-2-10中的极限位置1）；圆 C_4 半径：$R_4 = l_1 - l_2 - h$（见图1-2-10 中的极限位置3）。分别是该操作机的总工作空间的边界，它们之间的环形面积即 $W(P)$。

2) 圆 C_2 半径：$R_2 = l_1 + l_2 - h$（见图1-2-10中的极限位置2）；圆 C_3 半径：$R_3 = l_1 - l_2 + h$（见图1-2-10 中的极限位置4）。分别是该灵活工作空间的边界，它们之间的环形面积即 $W_p(P)$。

图 1-2-10　3R 操作机工作空间

结论：

1) $W_p(P)$ 中的任意点为全方位可达点。

2) 在圆 C_1 和 C_4 上的任意点，只可实现沿该点处切线方向运动。

3) 末杆 H 越长，即 h 越大，C_1 越大，C_4 越小，总工作空间越大；但相应灵活工作空间则由于 C_2 的减小和 C_3 的增大而减小。

4) 工作空间同时受关节的转角限制。

2. 工作空间的两个基本问题

（1）正问题　给出操作机的结构形式和结构参数以及关节变量变化范围，求工作空间的方式称为工作空间的正问题。

（2）逆问题　给出某一限定工作空间，求操作机的结构形式、参数和关节变量变化范围的方式，称为工作空间的逆问题。

3.图解法确定工作空间

用图解法求工作空间边界，得到的往往是工作空间的各类剖截面（或剖截线），如图1-2-11所示。它直观性强，便于和计算机结合，以显示操作机的构形特征。图解法获得的工作空间不仅与机器人各连杆的尺寸有关，还与机器人的总体结构有关。

在应用图解法确定工作空间边界时，需要将关节分为两组，即前三关节和后三关节（有时为两关节或单关节）。前三关节称位置结构，主要决定工作空间大小，后三关节称定向结构，主要决定手部姿势。首先分别求出两组关节所形成的腕点空间和参考点在腕坐标系中的工作空间，再进行包络整合。

图 1-2-11　NB4L 型关节机器人外形尺寸与动作范围

五、关节机器人

关节机器人也称为关节手臂机器人或关节机械手臂，是当今工业领域中最常见的工业机器人形态之一。类似于人类的手臂，可以代替很多不适合人力完成、有害身体健康的复杂工作。

1.关节机器人特点

关节机器人有以下特点：

1）有很高的自由度，几乎适合于任何轨迹或角度的工作。

2）可以自由编程，完成全自动化工作。

3）提高生产效率，降低错误率。

4）代替很多不适合人力完成，有害身体健康的复杂工作。

5）价格高，初期投资成本高。

6）生产前期工作量大。

2.关节机器人的分类

（1）多关节机器人　五轴和六轴关节机器人是常用多关节机器人，这类机器人拥有五个或六个旋转轴，类似于人类的手臂。图1-2-12所示为典型的六轴关节机器人，其应用领域有装货、卸货、涂装、表面处理、测试、测量、电弧焊、点焊、包装、装配、机加工、固定、特种装配操作、锻造和铸造等。

（2）平面关节机器人SCARA及类SCARA机器人　传统SCARA机器人具有三个互相平行的旋转轴和一个线性轴，如图1-2-13所示，其应用领域有装货、卸货、焊接、涂装、包装、固定、涂层、黏结、封装、特种搬运操作和装配等。

类SCARA机器人为SCARA的变形，如图1-2-14所示，依然有三个平行的旋转轴和一个线性轴，不同点在于类SCARA机器人线性轴作为第二轴，而SCARA机器人的线性轴作为第四轴。

目前国内兴起的类SCARA机器人在市场上开始大量使用，主要用于冲压行业领域，如图1-2-15所示，克服了SCARA机器人作业空间小的缺点。

（3）四轴码垛机器人　四轴码垛机器人有四个旋转轴，具有机械抓手的定位锁紧装置，如图1-2-16所示，其应用领域有装货、卸货、包装、特种搬运操作和托盘运输等。

图 1-2-12　ABB IRB1520
六轴关节机器人

图 1-2-13　平面关节机器人 SCARA

图 1-2-14　类 SCARA 机器人

图 1-2-15　类 SCARA 机器人应用

图 1-2-16　四轴码垛机器人

3. 关节机器人结构及功能

六轴工业机器人是典型的关节机器人，如图 1-2-17 所示。J_1、J_2、J_3 为定位关节，机器人手腕的位置主要由这三个关节决定，称为位置机构；J_4、J_5、J_6 为定向关节，主要用于改变手腕姿态，称为姿态机构。

在了解关节机器人结构之前，还需要了解关节机器人的正方向。现以 HRS-6 机器人为例，如图 1-2-17 所示。J_2、J_3、J_5 关节以"抬起/后仰"为正，"降下/前倾"为负；J_1、J_4、J_6 关节满足"右手定则"，即拇指沿关节轴线指向机器人末端，则其他四指方向为关节正方向。

关节机器人的机械结构由四大部分构成：机身、臂部、腕部和手部，如图1-2-18所示。其中机身又称为立柱，是支撑臂部的部件。关节机器人的机身和手臂的配置形式为基座式机身，屈伸式手臂。

图 1-2-17　六轴关节机器人

图 1-2-18　关节机器人结构

（1）机身的结构及功能　机身是连接、支撑手臂及行走机构的部件，臂部的驱动装置或传动装置安装在机身上，具有升降、回转及俯仰三个自由度。关节机器人主体结构可实现回转运动、俯仰运动和偏转运动。

（2）臂部的结构及功能　臂部是连接机身和腕部的部件，支撑腕部和手部，带动手部及腕部在空间运动，结构类型多、受力复杂。

臂部由动力型关节、大臂和小臂组成。关节机器人以臂部各相邻部件的相对角位移为运动坐标。其动作灵活、所占空间小、工作范围大，能在狭窄空间内绕过障碍物。

（3）腕部的结构及功能　腕部是臂部和手部的连接件，起支撑手部和改变手部姿态的作用。关节机器人的腕部结构有三种，如图1-2-19所示。在这三种腕部结构中，以RBR型结构最常见，它适应于各种工作场合。其他两种结构应用范围相对较窄，比如3R型的腕部结构主要应用在涂装行业等。

a) 3R型结构

b) RBR型结构

c) BBR型结构

图 1-2-19　腕部结构

为了使手部能朝向空间任意方向，要求腕部能实现绕空间三个坐标轴 X、Y、Z 的旋转运动。如图 1-2-20 所示，是腕部运动的三个自由度偏转 Y（Yaw）、俯仰 P（Pitch）和翻转 R（Roll），并不是所有的腕部都必须具备三个自由度，而是根据实际工作对性能的要求来确定。如图 1-2-21a 所示为腕部的翻转，图 1-2-21b 所示为腕部的俯仰，图 1-2-21c 所示为腕部的偏转。

图 1-2-20　腕部坐标系

4. 腕部分类

（1）按自由度分类　腕部可分为单自由度腕部、两自由度腕部和三自由度腕部。

1）单自由度腕部。腕部在空间可具有三个自由度，也可以具备以下单一功能：

① 单一的翻转功能。腕部的关节轴线与臂部的纵轴线共线，回转角度不受结构限制，可以回转 360°以上。该运动用翻转关节（R 关节）实现，如图 1-2-22a 所示。

a) 手腕的翻转　　　　　b) 手腕的俯仰　　　　　c) 手腕的偏转

图 1-2-21　腕部运动

② 单一的俯仰功能。腕部关节轴线与臂部及手部的轴线相互垂直，回转角度受结构限制，通常小于 360°。该运动用折曲关节（B 关节）实现，如图 1-2-22b 所示。

③ 单一的偏转功能。腕部关节轴线与臂部及手部的轴线在另一个方向上相互垂直；转角度受结构限制，通常小于 360°。该运动用折曲关节（B 关节）实现，如图 1-2-22c 所示。

a) 翻转关节(翻转)　　　b) 折曲关节(俯仰)　　　c) 折曲关节(偏转)

图 1-2-22　单自由度手腕

2）两自由度手腕。可以由一个 R 关节和一个 B 关节联合构成 BR 关节，如图 1-2-23a 所示；或由两个 B 关节组成 BB 关节，如图 1-2-23b 所示。但不能由两个 RR 关节构成两自由度手腕，因为二者的功能是重复的，实际上只起到单自由度的作用，如图 1-2-23c 所示。

3）三自由度手腕。由 R 关节和 B 关节的组合构成的三自由度手腕可以有多种形式，实现翻转、俯仰和偏转功能，如图 1-2-24 所示。

（2）按驱动方式分类　腕部可分为直接驱动腕部、远距离传动腕部。

1）直接驱动腕部。驱动源直接装在腕部上，如图 1-2-25 所示。这种直接驱动腕部的关键

图 1-2-23 两自由度手腕

a) BR关节　　b) BB关节　　c) RR关节

a) RRR手腕　　b) RBR手腕　　c) BBR手腕

图 1-2-24 三自由度手腕

在于能否设计和加工出尺寸小、质量轻而驱动扭矩大、驱动性能好的驱动电动机或液压马达。

2）远距离传动腕部。有时为了保证足够大的驱动力，驱动装置又无法做得足够小，同时也为了减轻腕部的质量，常用远距离驱动方式，同样可以实现三个自由度的运动，如图 1-2-26 所示。

5. 手部结构及功能

工业机器人的手部也称为末端执行器，由驱动机构、传动机构和手指三部分

图 1-2-25 液压直接驱动腕部

图 1-2-26 远距离传动腕部

组成，是一个独立部件，具有通用性，可用于多种类型的机器人（如直角坐标机器人、圆柱坐标机器人、球（极）坐标机器人和关节坐标机器人等）。工业机器人的手部可直接安装在工

业机器人的腕部上用于夹持工件或让工具按照规定的程序完成指定的工作，其对整个机器人完成任务的好坏起关键作用，直接决定夹持工件时的定位精度和夹持力的大小等。另外，工业机器人的手部通常采用专用装置，一种手爪往往只能抓住一种或几种在形状、尺寸以及质量等方面相近的工件。

工业机器人手部结构按照用途和结构不同，可分为机械式夹持器、吸附式执行器和专用工具（如焊枪、喷嘴和电磨头等）三类。

（1）机械式夹持器　机械式夹持器按照夹取东西方式的不同，分为内撑式夹持器（见图1-2-27）和外夹式夹持器两种（见图1-2-28），两者夹持部位不同，手爪动作的方向相反。

图 1-2-27　内撑式夹持器
1—电磁铁　2—拉杆　3—夹爪

图 1-2-28　外夹式夹持器
1—扇形齿轮　2—齿条　3—活塞　4—气缸　5—夹爪

（2）吸附式执行器　吸附式末端执行器依据吸力不同可分为气吸附和磁吸附。

1）气吸附执行器。气吸附主要是利用吸盘内压力和大气压之间的压力差进行工作，分为真空吸盘气吸附、气流负压气吸附、挤压排气负压气吸附等，工作原理如图1-2-29所示。

a) 真空吸盘气吸附　　b) 气流负压气吸附　　c) 挤压排气负压气吸附

图 1-2-29　气吸附吸盘
1、12—橡胶吸盘　2—固定环　3—垫片　4—支撑杆　5—基板
6—螺母　7—喷嘴套　8—喷嘴　9—支撑架　10—透气螺钉
11—心套　13—拉杆　14—弹簧　15—橡胶吸盘

① 真空吸盘气吸附。通过连接真空发生装置和气体发生装置实现抓取和释放工件，工作时，真空发生装置将吸盘与工件之间的空气吸走使其达到真空状态，此时，吸盘内的大气压小于吸盘外大气压，工件在外部压力的作用下被抓取。

② 气流负压气吸附。利用流体力学原理，通过压缩空气（高压）高速流动带走吸盘内气

体（低压）使吸盘内形成负压，同样利用吸盘内外压力差完成取件动作，切断压缩空气随即消除吸盘内负压，完成释放工件动作。

③ 挤压排气负压气吸附。利用吸盘变形和拉杆移动改变吸盘内外部压力差完成工作吸取和释放动作。

吸盘的种类繁多，一般分为普通型和特殊型两种，普通型吸盘包括平面吸盘、超平吸盘、椭圆吸盘、波纹管型吸盘和圆形吸盘；特殊型吸盘是为了满足在特殊场合应用而设计使月的，吸盘结构形状因吸附对象的不同而不同，通常可分为专用型吸盘和异型吸盘。除吸盘结构对吸附能力的大小有很大影响，材料也对吸附能力有较大影响，目前吸盘常用材料多为丁腈橡胶（NBR）、天然橡胶（NR）和半透明硅胶（SIT5）等。不同结构和材料的吸盘被广泛应用于汽车覆盖件、玻璃板件、金属板材的切割及上下料等场合，适合抓取表面相对光滑、平整、坚硬及微小材料，具有高效、无污染和定位精度高等优点。

2）磁吸附执行器。磁吸附是利用磁力吸取工件，常见的磁力吸盘分为电磁吸盘、永磁吸盘和电永磁吸盘等，工作原理如图 1-2-30 所示。

① 电磁吸盘是在内部励磁线圈通直流电后产生磁力，吸附导磁性工件。

② 永磁吸盘是利用磁力线通路的连续性及磁场叠加性工作，一般永磁吸盘（多用钕铁硼为内核）的磁路为多个磁系，通过磁系之间的相互运动来控制工作磁极面上的磁场强度，进而实现工件的吸附和释放动作。

③ 电永磁吸附是利用永磁磁铁产生磁力，利用励磁线圈对吸力大小进行控制，起到"开、关"作用，电永磁吸盘结合了永磁吸盘和电磁吸盘的优点，应用十分广泛。

图 1-2-30　磁吸附吸盘
1—非导磁体　2—永磁铁　3—磁轭　4—工件　5—直流电源　6—励磁线圈　7—工件

电磁吸盘的分类方式多种多样，依据形状可分为矩形磁吸盘和圆形磁吸盘；按吸力大小可分为普通磁吸盘和强力磁吸盘等。因磁吸附只能吸附对磁产生感应的物体，故对于要求不能有剩磁的工件无法使用，且磁力受温度影响较大，所以在高温环境也不能选择磁吸附，故其在使用过程中有一定局限性。适合要求抓取精度不高且在常温下工作的工件。

（3）专用工具　机器人是一种通用性很强的自动化设备，辅以合适的末端执行器后即可根据作业要求完成相应动作。

例如，在通用机器人上安装焊枪就成为一台焊接机器人，安装拧螺母机则成为一台装配机器人。目前有许多由专用电动、气动工具改型而成的操作器，如图 1-2-31 所示，有拧螺母、焊枪、电磨头、电铣头、抛光头和激光切割机等。由此形成的一系列产品供用户选用，使机器人能胜任各种工作。

六、减速器

在工业机器人中，减速器是连接机器人动力源和执行机构的中间装置，是保证工业机器人到达目标位置精确度的核心部件。合理选用减速器，可精确地将机器人动力源转速降到工业机器人各部位所需要的速度。与通用减速器相比，应用于机器人关节处的减速器应当具有传动链短、体积小、功率大、质量轻和易于控制等特点。

大量应用在关节型机器人上的减速器主要有两类：谐波减速器和RV减速器。一般将谐波减速器放置在小臂、腕部或手部等轻负载位置（主要用于20kg以下的机器人关节）；而将RV减速器放置在基座、腰部或大臂等重负载位置（主要用于20kg以上的机器人关节）。此外，机器人还采用齿轮传动、链条（带）传动、直线运动单元等，如图1-2-32所示。

图 1-2-31 专用工具

（1）谐波减速器 同行星齿轮传动一样，谐波齿轮传动（简称谐波传动）通常由3个基本构件组成，包括一个有内齿的刚轮，一个工作时可产生径向弹性变形并带有外齿的柔轮和一个装在柔轮内部，呈椭圆形且外圈带有柔性滚动轴承的谐波发生器，如图1-2-33所示。在这3个基本构件中可任意固定一个，其余一个为主动件一个为从动件（如刚轮固定不变，谐波发生器为主动件，柔轮为从动件）。

当谐波发生器装入柔轮后，迫使柔轮的剖面由原先的圆形变成椭圆形，其长轴两端附近的齿与刚轮的齿完全啮合，而短轴两端附近的齿则与刚轮的齿完全脱开，周长上其他区段的齿处于啮合和脱离的过渡状态。当谐波发生器沿某一方向连续转动时，柔轮的形变不断改变，与刚轮的啮合状态也不断改变，啮入、啮合、啮出、脱开、再啮入……，周而复始。因柔轮的外齿数少于刚轮的内齿数，从而实现柔轮相对刚轮沿与谐波发生器运动方向相反的缓慢旋转。

图 1-2-32 机器人关节传动单元

（2）RV减速器 与谐波传动相比，RV传动具有较高的抗疲劳强度和刚度以及较长的使用寿命，而且回差精度稳定，不像谐波传动，随着使用时间的增长，运动精度就会显著降低，故高精度机器人传动多采用RV减速器，并且有逐渐取代谐波减速器的趋势。图1-2-34所示为RV减速器结构，主要由太阳轮、行星轮、转臂（曲柄轴）、转臂轴承、摆线轮（RV齿轮）、

图 1-2-33　谐波减速器工作原理

1—柔轮　2—谐波发生器　3—刚轮

图 1-2-34　RV 减速器结构

1—针齿　2—行星轮　3—太阳轮　4—摆线轮　5—转臂　6—输出轴　7—针齿壳

针齿、刚性盘与输出盘等零部件组成。

　　RV 传动装置是由第一级渐开线圆柱齿轮行星减速机构和第二级摆线针轮行星减速机构两部分组成，是一封闭差动轮系。执行电动机的旋转运动由齿轮轴或太阳轮传递给两个渐开线行星轮，进行第一级减速；行星轮的旋转通过曲柄轴带动相距 180° 的摆线轮，从而生成摆线轮的公转。同时，由于摆线轮在公转过程中会受到固定于针齿壳上针齿的作用力而形成与摆线轮公转方向相反的力矩，进而引发摆线轮的自转运动，完成第二级减速。通过两个曲柄轴使摆线轮与刚性盘构成平行四边形等角速度输出机构，将摆线轮的转动等速传递给刚性盘及输出盘。

任务实施

一、任务准备

实施本任务教学所使用的实训设备及工具材料见表 1-2-2。

表 1-2-2　实训设备及工具材料

序号	分类	名　称	型号规格	数量	单位
1	工具	电工常用工具		1	套
2	设备器材	六轴机器人本体	ABB	1	台
3		控制柜	IRC5	1	套
4		示教器		1	套
5		示教器电缆		1	条
6		机器人动力电缆			条
7		机器人编码器电缆		1	条

二、认识机器人控制柜

本任务采用 ABB 公司生产的 IRC5 控制电柜，如图 1-2-35 所示。IRC5 以先进的动态建模技术为基础，对机器人性能实施自动优化，大幅提升了 ABB 机器人执行任务的效率。IRC5 控制柜包括电源开关、模式切换按钮、I/O 端子排、动力电缆、编码器电缆和示教器电缆等。集成了机器人的全部运动算法，具有强大的数据运算能力，可以实现各种运行逻辑控制。

图 1-2-35　IRC5 控制柜

1—机器人示教电缆　2—机器人 I/O 端子排　3—自动/手动钥匙旋钮　4—机器人急停按钮　5—机器人抱闸按钮　6—机器人伺服上电按钮　7—机器人电源开关　8—机器人编码电缆　9—机器人动力电缆

IRC5 控制柜部件功能说明见表 1-2-3。

表 1-2-3　IRC5 控制柜部件功能说明

标号	部件名称	说　明
1	机器人示教器电缆	示教器与机器人控制柜的通信连接
2	机器人 I/O 端子排	机器人输入输出接口，与外部进行通信
3	自动/手动钥匙旋钮	用于切换机器人自动运行与手动运行
4	机器人急停按钮	机器人的紧急制动
5	机器人抱闸按钮	按下按钮后机器人的所有关节失去抱闸功能，便于拖动示教机器人或拖动机器人离开碰撞点，避免二次碰撞损坏机器人
6	机器人伺服上电按钮	机器人伺服上电（主要应用于自动模式）
7	机器人电源开关	控制机器人设备电源的通断
8	机器人编码器电缆	机器人 6 轴伺服电动机编码器的数据传输
9	机器人动力电缆	机器人伺服电动机的动力供应

三、工业机器人系统起动

1. 工业机器人系统连接

按照图 1-2-36 所示的工业机器人系统接线图进行连接。

图 1-2-36 工业机器人系统接线图

2. 系统起动

1）系统控制柜模式选择开关选择"演示模式"后，经指导教师许可接通系统电源，如图 1-2-37 所示。将操作控制柜内的"漏电保护开关""断路器"依次上推，开启电源。

2）将机器人控制柜背面的电源开关从水平旋转到垂直状态（即从 OFF 旋转到 ON），并将"自动/手动钥匙旋钮"旋转到右边手型图案，让机器人进入手动模式，如图 1-2-38 所示。

图 1-2-37 操作控制柜电源操作面板

四、手动操纵工业机器人

1. 单轴运动控制

1) 左手持机器人示教器，右手单击示教器界面左上角的"☰∨"打开菜单栏；单击"手动操纵"，进入手动操纵界面，如图1-2-39所示。

2) 单击"动作模式"，进入模式选择界面。选择"轴1-3"，单击"确定"，动作模式设置为"轴1-3"，如图1-2-40所示。

图1-2-38　控制柜电源操作面板（背面）

3) 移动如图1-2-40中的操纵杆，左右摇杆控制轴1左右运动，前后摇杆控制轴2上下运动，逆时针或顺时针旋转摇杆控制轴3上下运动。

图1-2-39　手动操纵界面

图1-2-40　模式选择界面

4) 单击"动作模式"，进入模式选择界面。选择"轴4-6"，单击"确定"，动作模式设置为"轴4-6"，如图1-2-41所示。

5）移动图 1-2-41 中的操纵杆，左右摇杆控制轴 4 左右运动，前后摇杆控制轴 5 上下运动，逆时针或顺时针旋转摇杆控制轴 6 逆或顺时针运动。

图 1-2-41　"动作模式"切换

【提示】　轴切换技巧：示教器上的 ⊙ 按键能够完成 "轴 1-3" 和 "轴 4-6" 的切换。

2. 线性运动与重定位运动控制

1）单击 "动作模式"，进入模式选择界面。选择 "线性"，单击 "确定"，动作模式设置成了 "线性运动"，如图 1-2-42 所示。

2）移动图 1-2-42 中的操纵杆，左右摇杆控制机器人法兰中心左右运动，前后摇杆控制机器人法兰中心后前运动，逆时针或顺时针旋转摇杆控制机器人法兰中心上下运动。

图 1-2-42　"线性运动"模式选择

3）单击 "动作模式"，进入模式选择界面。选择 "重定位"，单击 "确定"，动作模式设置为 "重定位运动"，如图 1-2-43 所示。

4）移动图 1-2-43 中的操纵杆，机器人围绕着法兰盘中心运动。

图 1-2-43　"重定位"动作模式选择

任务测评

对任务实施的完成情况进行检查，并将结果填入表 1-2-4。

表 1-2-4　任务测评表

序号	主要内容	考核要求	评分标准	配分	扣分	得分
1	认识控制柜	正确描述控制柜组成及各部件功能说明	1. 说出控制柜的组成有错误或遗漏，每处扣 5 分 2. 描述控制柜部件的功能有错误或遗漏，每处扣 5 分	20		
2	机器人系统起动	正确连接工业机器人控制系统，并能完成系统的起动	1. 系统接线有错误或遗漏，每处扣 5 分 2. 未能起动系统，每处扣 10 分	20		
3	手动操纵工业机器人	1. 单轴运动控制 2. 线性运动与重定位运动控制	1. 未能完成单轴运动控制，扣 20 分 2. 未能完成线性运动控制，扣 20 分 3. 未能完成重定位运动控制，扣 20 分 4. 未能根据控制要求，完成工业机器人手动操纵操作，扣 50 分	50		
4	安全文明生产	劳动保护用品穿戴整齐；遵守操作规程；讲文明礼貌；操作结束要清理现场	1. 操作中，违反安全文明生产考核要求的任何一项扣 5 分，扣完为止 2. 当发现学生有重大事故隐患时，要立即予以制止，并每次扣安全文明生产总分 5 分	10		
合计				100		
开始时间：			结束时间：			

巩固与提高

一、填空题（将正确答案填入括号内）

1. 工业机器人的坐标系包括：基坐标系、＿＿＿＿＿、工具坐标系及＿＿＿＿＿。

2. 吸附式执行器可分为_____和_____两类。

3. 关节机器人的机械结构由四大部分构成：_____、臂部、_____和手部。

4. 工业机器人手部按照用途和结构的不同可分为_____、_____和_____（如焊枪、喷嘴、电磨头等）三类。

5. 工业机器人的手部也称_____，由驱动机构、_____和手指三部分组成，是一个独立的部件，具有通用性。

6. 工业机器人中常用的减速器有_____、_____和摆线针轮减速器。

二、选择题（将正确答案的序号填入括号内）

1. 依据压力差的不同，可将气吸附式执行器分为（　　　）。

①真空气吸　　　②喷气式负压气吸　　　③挤压排气负压气吸

A. ①②　　　B. ①③　　　C. ②③　　　D. ①②③

2. SCARA 平面关节机器人自由度有（　　　）。

A. 3个　　　　B. 4个　　　C. 5个　　　　D. 6个

3. 手部的位姿由（　　　）变量构成。

A. 位姿与速度　　B. 姿态与位置　　C. 位置与运动状态　　D. 姿态与速度

4. 工业机器人中（　　　）是连接机身和手腕的部件。

A. 机身　　B. 手臂　　C. 腕部　　D. 手部

三、简答与分析题

1. 描述六轴关节机器人的自由度。

2. 描述一下什么是 3R 手腕。

3. 简述磁吸附的工作原理。

4. 简述 RV 减速器的工作原理。

任务3　工业机器人传感器及其应用

学习目标

知识目标：1. 了解机器人传感器种类和性能指标及其使用要求。

　　　　　2. 掌握机器人内部传感器和外部传感器的区别和各自的功能及应用。

能力目标：1. 认识工业机器人常用传感器。

　　　　　2. 能根据工业机器人使用要求和场合，选用合适的传感器。

　　　　　3. 会分析常见工业机器人传感器系统。

工作任务

传感器是新技术革命和信息社会的重要硬件基础，是现代科技的开路先锋。传感器在机器人构成中占据重要地位，是决定机器人性能水平的关键。机器人传感器不同于大量使用的工业检测传感器，对信息的种类和智能化处理的要求更高。无论研究还是产业化，均需要由多种学科专业技术和先进的工艺装备作为支撑。未来工业机器人能发展到何种程度，传感器将是关键之一。

本任务是：通过学习，熟悉工业机器人常用传感器，掌握机器人内部传感器和外部传感器的区别和各自的功能，并能根据工业机器人使用要求和场合，选用合适的传感器。

相关知识

一、工业机器人传感器种类

传感器是一种以一定精度将被测量转换为与之有确定对应关系、易于精确处理和测量的某种物理量的测量部件或装置。完整的传感器应包括敏感元件、转化元件和基本转化电路三个基本部分。

敏感元件将某种不便测量的物理量转化为易于测量的物理量，与转化元件一起构成传感器的核心部分。

基本转化电路将敏感元件产生的易于测量的信号进行变化，使传感器的输出信号符合工业系统的要求。

机器人传感器按用途可分为外部传感器和内部传感器。

外部传感器，如视觉、触觉、力觉以及距离等传感器，可以检测作业对象及环境与机器人的联系。

内部传感器安装在操作机上，包括位移、速度以及加速度等传感器，可以检测机器人内部状态。

机器人传感器的分类、功能和应用见表 1-3-1。

表 1-3-1 机器人传感器分类、功能和应用

分类	类别		功能	应用
机器人外部传感器	视觉	单点视觉 线阵视觉 平面视觉 立体视觉	检测外部状况,如作业环境中对象或障碍物状态以及机器人与环境的相互作用等信息,使机器人适应外界环境的变化	(1)对被测量定向,定位 (2)目标分类与识别 (3)控制操作 (4)抓取物体 (5)检查产品质量 (6)适应环境变化 (7)修改程序等
	非视觉	接近(距离)觉 听觉 力觉 触觉 滑觉 压觉		
机器人内部传感器		位置 速度 加速度 力 温度 平衡 状态(倾斜)角 异常	检测机器人自身状态,如自身的运动、位置和姿态等信息	控制机器人按规定的位置、轨迹、速度、加速度和受力状态工作

二、工业机器人传感器性能指标

传感器常见重要性能指标如下：

1. 灵敏度

灵敏度是指传感器的输出信号达到稳定时，输出信号变化量 Δy 与输入信号变化量 Δx 的比值。

假设传感器的输出和输入呈线性关系，其灵敏度 S 可表示为

$$S = \frac{\Delta y}{\Delta x}$$

假设传感器的输出与输入呈非线性关系，其灵敏度为曲线的导数，即

$$S = \frac{\mathrm{d}y}{\mathrm{d}x}$$

传感器的灵敏度越大，传感器输出的信号精确度越高，线性程度越好。但是过高的灵敏度有时会导致传感器的输出稳定性下降，所以应该根据机器人的要求选择适中的灵敏度。

2. 线性度

线性度反映传感器输出信号与输入信号之间的线性相关程度。

假设传感器的输出信号为 y，输入信号为 x，则 y 与 x 的关系为

$$y = bx$$

机器人控制系统应该选用线性度较高的传感器。

3. 精度

传感器的精度是指传感器的测量输出值与实际被测量值之间的误差。在机器人系统设计中，应该根据系统的工作精度要求选择合适的精度。

4. 重复性

重复性是指传感器在其输入信号按同一方式进行全量程连续多次测量时，相应测量结果的变化程度。对于多数传感器来说，重复性指标优于精度指标。这些传感器的精度指标不一定很高，但只要它的温度、湿度、受力条件和其他参数不变，传感器的测量结果也没有较大的变化。同样，传感器重复性也应考虑使用条件和测量方法等问题。

5. 分辨率

分辨率是指传感器在整个测量范围内所能辨别的被测量的最小变化量，或者所能辨别的不同被测量的个数。

无论是示教再现型机器人，还是可编程型机器人，大多对传感器的分辨率有一定的要求。传感器的分辨率直接影响机器人的可控程度和控制品质。一般需要根据机器人的工作任务规定传感器分辨的最低限度要求。

6. 响应时间

响应时间是传感器的动态特性指标，是指传感器的输入信号变化后，其输出信号达到一个稳定值所需要的时间。在某些传感器中，输出信号在达到某一稳定值以前会发生短时间的振荡。

7. 抗干扰能力

由于传感器输出信号的稳定是控制系统稳定工作的前提，为防止机器人系统的意外动作或故障的发生，传感器系统必须采用可靠性设计技术。通常这个指标通过单位时间内发生故障的概率来定义，因此是一个统计指标。

三、工业机器人传感器类型选择

一般根据工业机器人使用要求和场合的不同，选择不同的传感器。

1. 根据机器人需求选择

机器人对传感器的一般要求如下：

1）精度高，重复性好。

2）稳定性好，可靠性高。

3）抗干扰能力强。

4）质量轻，体积小，安装方便可靠。

5）价格便宜。

2. 根据加工任务要求选择

在现代工业中，机器人被用于执行各种加工任务，其中比较常见的加工任务有物料搬运、装配、涂装、焊接和检验等。不同的加工任务对机器人提出不同要求。

3. 根据机器人控制要求选择

例如，机器人控制需要采用传感器检测机器人的运动位置、速度和加速度等。

另外，根据辅助工作要求（如产品检验）和工件的准备来选择；根据安全方面的要求来选择。

四、工业机器人的部传感器

工业机器人根据具体用途不同可以选择不同的控制方式，如位置控制、速度控制及力控制等。在这些控制方式中，机器人所应具有的基本传感器单元是位置和速度传感器。

机器人控制系统的基本单元是机器人的关节位置和速度控制，因此用于检测关节位置和速度的传感器也成为机器人关节组件中基本单元。

1. 位置传感器

位置传感器是机器人最基本的控制硬件，根据其工作原理和组成的不同有多种形式。常见的有电阻式、电容式、电感式位移传感器及编码式位移传感器、霍尔元件位移传感器和光栅式位移传感器等。

（1）编码式位移传感器　编码式位移传感器是一种数字位移传感器，其测量输出信号为数字脉冲信号，可以测量直线位移或转角。

编码式位移传感器测量范围大，检测精度高，一般把该传感器安装在机器人的各关节轴上，用来测量各关节轴的旋转角度。

按照测量结果是绝对信号还是增量信号，可分为绝对式编码器和增量式编码器。

按照结构及信号转化方式，又可分为光电式、接触式及电磁式等。目前机器人中较为常用的是光电式编码器。

1）绝对式光电编码器。绝对式光电编码器是一种直接编码式的测量元件。它可以直接把被测转角或位移转化成相应的代码，指示的是绝对位置而无绝对误差，并在电源切断时不会失去位置信息。但其结构复杂，价格昂贵，且不易做到高精度和高分辨率。编码盘以一定的编码形式（如二进制编码等）将圆盘分成若干等份，利用光电原理把代表被测位置的各等份上的数码转化成电信号输出以用于检测。

图 1-3-1 所示为四位二进制数编码盘，图中空白部分透光，用"0"来表示；涂黑的部分不透光，用"1"来表示。通常将组成编码的圈称为码道，每个码道表示一位二进制数。编码盘由多个同心码道组成，与码道个数相同的光电器件分别与各自对应的码道对准并沿编码盘的半径直线排列，工作时可以产生绝对位置的二进制码。绝对式编码器对于转轴的每一个位置均产生唯一的二进制编码，因此，可用于确定绝对位置且分辨率取决于二进制编码的位数，即码道的个数。

使用二进制编码盘时，当编码盘在其两个相邻位置的边缘交替或来回摆动时，由于制造精度和安装质量误差或光电器件的排列误差将产生编码数据的大幅跳动，导致位置显示和控制失常。

目前常见的循环码编码盘如图 1-3-2 所示。循环码又称为格雷码，真值与其码值及二进制码值的对照见表 1-3-2。循环码是非加权码，其特点是相邻两个代码间只有一位数变化，即 0 变 1，或 1 变 0。如果在连续的两个数码中发现数码变化超过一位，就认为是非法数码，因而格雷码具有一定的纠错能力。

图 1-3-1   四位二进制码编码盘

图 1-3-2   循环码（格雷码）编码盘

表 1-3-2   格雷码与二进制码的对照

真值	格雷码	二进制码	真值	格雷码	二进制码
0	0000	0000	8	1100	1000
1	0001	0001	9	1101	1001
2	0011	0010	10	1111	1010
3	0010	0011	11	1110	1011
4	0110	0100	12	1010	1100
5	0111	0101	13	1011	1101
6	0101	0110	14	1001	1110
7	0100	0111	15	1000	1111

　　格雷码实质上是二进制码的另一种数值形式，是对二进制码的一种加密处理。实际上也只有将其解密成二进制码才能得到真正的位置信息。解密格雷码可以通过硬件解密或软件解密来实现。光电编码器的性能主要取决于编码盘中光电敏感元件的质量及光源的性能。一般要求光源具有较好的可靠性及环境的适应性，且光源的光谱与光电敏感元件相匹配。如果需要提高信号的输出强度，可在输出端接电压放大器。为了减少噪声污染，在光通路中还应加上透镜和狭缝装置。透镜使光源发出的光聚焦成平行光束，狭缝宽度要保证所有轨道的光电敏感元件的敏感区均处于狭缝内。

　　2）增量式光电编码器。增量式光电编码器能够以数字形式测量出转轴相对于某一基准位置的瞬间角位置，另外还能测出转轴的转速和转向，其结构及工作原理如图 1-3-3 所示。

a) 编码盘结构

b) A相、B相正弦波

c) A相、B相脉冲数字信号

图 1-3-3   增量式光电编码器的结构及工作原理

编码器的编码盘有三个同心光栅，分别为 A 相、B 相和 C 相光栅。A 相、B 相两相光栅为工作信号，C 相为标志信号，编码盘每旋转一周，标志信号发出一个脉冲，它用来作为同步信号。根据 A 相、B 相任一光栅输出脉冲数值的大小就可以确定编码盘的相对转角；根据输出脉冲的频率可以确定编码盘的转速；采用适当的逻辑电路，根据 A 相、B 相输出脉冲的相序就可以确定编码盘的旋转方向。

增量式光电编码器可测量出转轴的相对位置，但不能确定机器人转轴的绝对位置，所以这种光电编码器一般用于定位精度要求不高的机器人。目前已出现包含绝对式和增量式两种类型编码器的混合式编码器。使用这种编码器时，通过绝对式编码器确定机器人的绝对位置，增量式编码器确定由初始位置开始的变动角的精确位置。

（2）电位器式位移传感器 电位器式位移传感器主要由电位器和滑动触点组成，通过触点的滑动改变电位器的阻值来测量信号的大小。

该传感器的优点是：结构简单，性能稳定可靠，精度高。可以在一定程度上较方便地选择其输出信号范围，且测量过程中断电或发生故障时，输出信号能自动保持而不会丢失。

1）角位移测量，如图 1-3-4 所示，输入信号（角度 θ）与输出信号（电压 U）呈线性关系。这种弧形电阻最大测量角度为 360°。

a) 外形　　　　　　　　b) 原理

图 1-3-4　旋转型电位器式位移传感器

2）线位移测量，如图 1-3-5 所示。其优点是结构简单，性能稳定可靠，精度高。可以在一定程度上较方便地选择其输出信号范围，且测量过程中断电或发生故障时，输出信号能自动保持而不会丢失。其缺点是滑动触点容易磨损。

a) 外形　　　　　　　　b) 原理

图 1-3-5　直线型电位器式位移传感器

2. 速度传感器

速度传感器是机器人中较为重要的内部传感器之一。由于在机器人中主要测量机器人关节的运行速度，因此这里仅介绍角速度传感器。目前广泛使用的角速度传感器有测速发电机和增量式光电编码器两种。测速发电机是应用最广泛，能直接得到代表转速的电压，且具有良好实时性的一种速度测量传感器；增量式光电编码器既可以用来测量增量角位移又可以测量瞬时角速度。速度的输出有模拟式和数字式两种。

图 1-3-6　直流测速发电机的结构

1—换向器　2—永久磁铁　3—转子线圈　4—电刷

（1）测速发电机　测速发电机是一种模拟式速度传感器，实际上是一台小型永磁式直流发电机，其结构如图 1-3-6 所示。其工作原理基于法拉第电磁感应定律，当通过线圈的磁通量恒定时，位于磁场中的线圈旋转使线圈两端产生的电压 e（感应电动势）与线圈（转子）的转速 n 成正比，即

$$e = Kn \, (K \text{ 是常数})$$

从上式可以看出，输出电压与转子呈线性关系。但当直流测速发电机带有负载时，电枢绕组便会产生电流而使输出电压下降，这样便破坏了输出电压与转速的线性关系，使输出特性产生误差。为了减少测量误差，应使负载尽可能小且保持负载性质不变。测速发电机的转子与机器人关节伺服驱动电动机相连就能测出机器人运动过程中的关节转动速度，并能在机器人速度闭环系统中作为速度反馈元件。具有线性度好、灵敏度高以及输出信号强的优点。机器人速度伺服控制系统框图如图 1-3-7

图 1-3-7　机器人速度伺服控制系统框图

所示。检测范围一般为 20~40r/min，精度为 0.2%~0.5%。

（2）增量式光电编码器　增量式光电编码器作为速度传感器时既可以选择模拟方式，又可以选择数字方式。

1）模拟方式。在模拟方式下，必须有一个频率/电压（f/U）变换器，用来把编码器测得的脉冲频率转换成与速度成正比的模拟电压，其原理如图 1-3-8 所示。f/U 变换器必须有良好的零输出、零输出特性和较小的温度漂移才能满足测试要求。

图 1-3-8　模拟方式下增量式编码盘测速

2）数字方式。数字方式是利用数学公式通过计算软件计算出速度。角速度是转角对时间的一阶导数，编码器在时间 Δt 内的平均转速为 $\omega = \Delta\theta / \Delta t$，单位时间越小，则所求得的转速越接近瞬时转速，然而时间越短，通过编码器的脉冲数越少，导致所得速度分辨率下降。在实践中通常用以下方法来解决这一问题。

编码器一定时，其每转输出脉冲数就确定，假设为 1000P/r，则编码器连续输出两个脉冲时转过的角度 $\Delta\theta = 2 \times 2\pi / 1000$，而转过该角度的时间增量用图 1-3-9 所示测量电路测得。测量

时利用一高频脉冲源发出连续不断的脉冲，设其周期为 0.1ms，并用一计数器测出编码器发出两个脉冲的时间内高频脉冲源发出的脉冲数。门电路在编码器发出第一个脉冲时开启，发出第二个脉冲时关闭。这样计数器计得的计数值就是时间增量内高频脉冲源发出的脉冲数。设该计数值为 100，则得时间增量为

图 1-3-9　时间增量测量电路

$$\Delta t = 0.1 \times 100\text{ms} = 10\text{ms}$$

所以角速度为

$$\omega = \frac{\Delta \theta}{\Delta t} = \left(\frac{2}{1000} \times 2\pi \right) / \left(10 \times 10^{-3} \right) \text{rad/s} = 1.256\text{rad/s}$$

五、工业机器人外部传感器

用于检测机器人作业对象及作业环境状态的传感器称为外部传感器，对于智能机器人来说，外部传感器是必不可少的。尽管目前应用于工业生产中的机器人数量有限，但随着对机器人工作精度以及其性能要求的不断提高，外部传感器在工业机器人中的应用将日趋增多。目前工业中常用的外部传感器主要有力觉传感器、接近传感器和触觉传感器等。

1. 力觉传感器

力觉是指对机器人的指、肢和关节等运动中所受力的感知，力觉传感器又称为力或力矩传感器。主要包括腕力、关节力、指力和支座力传感器，是机器人重要的传感器之一。工业机器人在进行装配、搬运、研磨等作业时需要以工作力或力矩大小进行控制。另外，机器人在自我保护时也需要检测关节和连杆之间的内力，防止机器人手臂因承载过大或与周围障碍物碰撞而引起的破坏。力或力矩传感器种类很多，常用的有电阻应变片式、压电式、电容式、电感式以及各种外力传感器。力或力矩传感器都是通过弹性敏感元件将被测力或力矩转换成某种位移量或变形量，然后通过各自的敏感介质把位移量或变形量转换成能够输出的电量。

例如关节力传感器，测量驱动器本身的输出力和力矩，用于控制中的力反馈；腕力传感器，测量作用在末端执行器上的各向力和力矩；指力传感器，测量夹持物体手指的受力情况。

目前使用最广泛的是电阻应变片式力和力矩传感器。这种传感器的力或力矩敏感元件是应变片，装载在铝制筒体上，筒体有 8 个简支梁（弹性梁）支持。

图 1-3-10 所示为 SRI（Stanford Research Institute）研制的六维腕力传感器，它由一只直径为 75mm 的铝管铣削而成，具有 8 根窄长的弹性梁，每个梁的颈部只传递力，扭矩作用很小。梁的另一头贴有应变片。图中从 P_{x+} 到 Q_{y-} 代表了 8 根应变梁的变形信号的输出。

图 1-3-11 所示为日本大和制衡株式会社研制的十字梁腕力传感器。它是一种整体轮辐式结构，在十字梁与轮缘连接处有一个柔性环节（a、b、c、d），在 4 根交叉梁上共贴有 32 个应变片（图中小方块），组成 8 路全桥输出。

如图 1-3-12 所示，三梁腕力传感器的内圈和外圈分别固定于机器人的手臂和手爪，力沿着与内圈相切的三根梁进行传递。每根梁上下、左右各贴一对应变片，3 根梁上共有 6 对应变片，分别组成六组半桥，对这 6 组信号进行解耦可得

图 1-3-10　SRI 六维腕力传感器

到六维力（力矩）的精确解。

图 1-3-11　十字梁腕力传感器

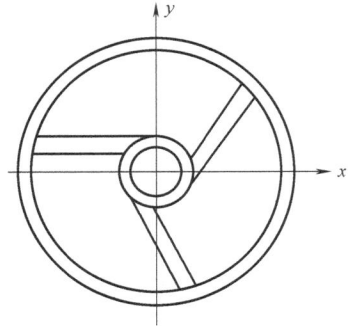

图 1-3-12　三梁腕力传感器

2. 接近传感器

接近传感器是机器人用来探测机器人自身与周围物体之间相对位置或距离的一种传感器，它的探测距离一般为几毫米到十几厘米。接近传感器结构上分为接触型和非接触型两种，其中后者应用较广。

目前按照转换原理的不同将接近传感器分为电涡流式、光纤式、超声波式等。

（1）电涡流式传感器　导体在一个不均匀的磁场中运动或处于一个交变磁场中时，其内部就会产生感应电流。这种感应电流称为电涡流，这一现象称为电涡流现象，利用这一原理可以制作电涡流传感器。

电涡流式传感器的工作原理如图 1-3-13b 所示。由于传感器的电磁场方向与电涡流产生的磁场方向相反，两个磁场相互叠加削弱了传感器的电感和阻抗。用电路把传感器电感和阻抗的变化转换成转换电压，则能计算出目标物与传感器之间的距离。该距离正比于转换电压，但存在一定的线性误差。对于钢或铝等材料的目标物，线性误差为±5%。

a) 外形　　　　　　　　　　　b) 原理

图 1-3-13　电涡流式传感器

这种传感器的优点是外形尺寸小、价格低廉、可靠性高、抗干扰能力强，而且检测精度也高，最小能够检测到 0.02mm 的微量位移。

（2）光纤式传感器　用光纤制作接近传感器可以用来检测机器人与较远目标物间的距离。这种传感器的优点是抗电磁干扰能力强、灵敏度高并且响应快。

光纤式传感器有三种不同的形式，如图 1-3-14 所示。其中第一种为射束中断型光纤式传感器，如图 1-3-14a 所示。这种传感器只能检测出不透明物体，对透明或半透明的物体无法检测。第二种是回射型光纤式传感器，如图 1-3-14b 所示，与第一种类型相比，它可以检测出透光材料制成的物体。第三种为扩散型光纤式传感器，如图 1-3-14c 所示，与第二种相比其少了回射靶；因为大部分材料都能反射一定量的光，这种类型的传感器可检测透光或半透光物体。

图 1-3-14　光纤式传感器

（3）超声波式传感器　超声波式传感器的主要作用是利用超声波测量距离，其工作原理如图 1-3-15 所示。传感器由一个超声波发射器、一个超声波接收器、定时电路及控制电路组成。待超声波发射器发出脉冲式超声波后关闭发射器，同时打开超声波接收器。该脉冲波

图 1-3-15　超声波式传感器的工作原理

到达物体表面后返回到接收器，定时电路测出从发射器发射到接收器接收的时间。设该时间为 T，而声波的传输速度为 v，则被测距离 L 为

$$L = vT/2$$

超声波的传输速度与其波长和频率成正比，只要这两者不变，速度就为常数。但随着环境温度的变化，波速会有一定变化。超声波传感器对于水下机器人的作业非常重要，能使其定位精度达到微米级。另外，激光扫描型接近觉传感器的测量原理与超声波传感器类似。

3. 触觉传感器

触觉传感器在机器人中有以下几个方面的作用：

① 感知操作手指与被抓取对象之间的作用力，使手指动作适当。

② 识别操作物的大小、形状、质量及硬度等。

③ 躲避危险，以防碰撞障碍物引起事故。

④ 机器人的触觉传感器一般包括压觉、滑觉、接触觉及力觉等。

（1）压觉传感器　压觉传感器实际上也是一种触觉传感器，只是它针对压觉有感知作用。目前压觉传感器主要有以下几种。

1）压阻效应式压觉传感器。利用某些材料的内阻随压力变化而变化的压阻效应，制成压阻器件，将它们密集配置成阵列，即可检测压力的分成，如压敏导电橡胶或塑料等。

2）压电效应式压觉传感器。利用某些材料在压力的作用下，其相应表面上会产生电荷的压电效应制成压电器件，如压电晶体等。将它们制成类似人类皮肤的压电薄膜，以感知外界的压力，其优点是耐腐蚀、频带宽和灵敏度高等，但缺点是无直流响应，不能直接检测静态信号。

3）集成压敏压觉传感器。利用半导体力敏器件与信号电路构成集成压敏传感器。常见有三种类型，即压电型（如 ZnO/Si-IC）、电阻型 SIR（硅集成）和电容型 SIC。其优点是体积小、成本低、便于与计算机连用。缺点是耐压负载小、柔性差。

4）利用压磁传感器。扫描电路和针式差动变压器式触觉传感器构成的压觉传感器。压磁器件具有较强的过载能力，但缺点是体积较大。

图 1-3-16 所示为利用半导体技术制成的高密度智能压觉传感器，它是一种很有发展前途的压觉传感器，其传感元件以压阻式与电容式居多。虽然压阻式器件比电容式器件的线性程度好，封装也简单，但是其灵敏度要比电容式器件小一个数量级，温度误差比电容式器件大一个数量级。因此，电容式压觉传感器，特别是硅电容式压觉传感器得到了广泛的应用。

a) 硅电容式压觉传感器　　　　　　　　　　b) 工作原理

图 1-3-16　半导体高密度智能压觉传感器

（2）滑觉传感器　机器人在抓取未知属性的物体时，其自身应能确定最佳握紧力的给定值。当握紧力不够时，要检测被握紧物体的滑动，并利用该检测信号在不损害物体的前提下，考虑最可靠的夹持方法，能实现此功能的传感器称为滑觉传感器。

滑觉传感器有滚动式和球式，以及一种通过振动检测滑觉的传感器。

图 1-3-17 所示为滚珠式滑觉传感器，图中的滚球表面是由导体和绝缘体配置成的网眼，

从物体的接触点可以获取断续的脉冲信号，从而检测其任意方位的滑动。

滚柱式滑觉传感器是一种常见滑觉传感器，结构如图 1-3-18 所示。由图可知，当手爪中的物体滑动时，将使滚柱旋转，带动安装在其中的光电传感器和缝隙圆板而产生脉冲信号。这些信号通过计数电路和 D-A 转换器转换成模拟电压信号，经过反馈系统，构成闭环控制，然后不断修正握力，最终达到消除滑动的目的。

目前出现的"人工皮肤"，实际上就是一种超高密度排列的阵列传感器，主要用于表面形状和表面特性的检测。压电材料是另一种有潜力的触觉敏感材料，其原理是利用晶体的压电效应，即在晶体上施压时，一定范围内施加的压力与晶体的电阻成比例关系。但是一般晶体的脆性比较大，作为敏感材料时加

图 1-3-17　滚珠式滑觉传感器

工困难。目前已有一种聚合物材料具有良好的压电性，且柔性好，易加工，有望成为新的触觉敏感材料。其他常用敏感材料有半导体应变计，其原理与应变片一样，即应变变形原理。

a) 机器人夹持器　　　　　　　b) 传感器

图 1-3-18　滚柱式滑觉传感器

六、多传感器融合及应用

1. 传感器融合

系统中使用的传感器种类和数量越来越多，每种传感器都有一定的使用条件和感知范围，并且又能给出环境或对象的部分或整个侧面的信息，为了有效地利用这些传感器信息，而以某种形式对传感器信息进行分析、综合处理的过程就是传感器融合。传感器的融合技术涉及神经网络、知识工程和模糊理论等信息、检测以及控制领域的新理论和新方法。图 1-3-19 所示为 KUKA 多传感器信息融合自主移动机器人。

传感器汇集类型有多种，现举两例进行说明。

（1）竞争性的　在传感器检测同一环境或同一物体的同一性质时，得到数据可能是一致的，也可能是矛盾的。若有矛盾，就需要系统裁决。裁决的方法有多种，如加权平均法、决策法等。在一个导航系统中，车辆位置的确定可以通过计算法定位系统（利用速度、方向等记录数据进行计算）或陆标（如交叉路口、人行道等参照物）观测确定。若陆标观测成功，

则用陆标观测的结果，并对计算法的值进行修正，否则利用计算法所得结果。

（2）互补性的　传感器提供不同形式的数据以供融合。例如，识别三维物体的任务就说明这种类型的融合。利用彩色摄像机和激光测距仪确定一段阶梯道路，彩色摄像机提供图像信息，而激光测距仪提供距离信息，将两者融合即可获得三维信息。

目前，要使多传感器信息融合体系化尚有困难，而且缺乏理论依据。多传感器信息融合的理想目标应是人类的感觉、识别和控制体系，但由于对后者尚无一个明确的工程学阐述，所以机器人传感器融合体系要具备什么样的功能尚是一个模糊的概念。相信随

图 1-3-19　KUKA 多传感器信息融合自主移动机器人

着机器人智能水平的提高，多传感器信息融合理论和技术将会逐步完善和系统化。

2. 多传感器应用系统

工业机器人工作的稳定性与可靠性，依赖于机器人对工作环境的感觉和自主适应能力，因此需要高性能传感器及各传感器协调工作。由于不同行业工作环境所具有的特殊要求和不确定性，随着工业机器人应用领域的不断扩大，对机器人感觉系统的要求也不断提高。机器人感觉系统的设计是实现机器人智能化的基础，主要表现在新型传感器的应用及多传感器的融合上。

一台智能机器人采用多种传感器，所以把传感器信号和已存储的信息集成并形成控制规则非常必要。一般情况下，一台计算机就完全能够控制机器人，但在某些复杂系统中，运动机器人或柔性制造系统可能要采用分层次、分布式的计算机进行控制。由一台执行控制器完成总体规划，然后把信息传递给一系列专用处理器，以控制机器人各种功能，并从传感器系统接收输入信号。利用不同层次可完成不同类型的任务。

（1）多感觉智能机器人组成　多感觉智能机器人的组成如图 1-3-20 所示。

图 1-3-20　多感觉智能机器人组成

（2）机器人本体　机器人本体结构示意如图 1-3-21 所示。

（3）多传感系统　多感觉智能机器人具有七种感觉。其中，接近觉、接触觉和滑觉采用一体化传感器，其外形被制成手指形状，便于直接安装到手爪上。温度觉和热觉传感器安装

图 1-3-21　机器人本体结构示意图

1—大臂　2—小臂电动机　3—手腕电动机　4—手腕　5—手爪　6—机座
7—大臂电动机　8—升臂机　9—滚珠丝杠　10—升降电动机　11—小臂

于机器人的另一只手爪上。温度觉传感器是普通测量元件（集成温度传感器），热觉传感器由加热部分与铂热敏电阻构成。该手指的顶部装有垂直向接近觉传感器。力传感器装于机械手的腕部。将上述六种传感器集成为一体的机械手爪如图 1-3-22 所示。

　　机器人多感觉传感器系统中除以上六种非视觉传感器以外，还在机器人上方固定安装了视觉传感器（CCD 摄像机）用来对准机器人作业台面。该系统采用的是 MTV-3501CB 型 CCD 摄像机（512×582　PAL 制），摄像机采集的模拟视频信号通过插在计算机扩展槽中的 PC Video 图像处理卡转换成一定格式的数字信息，送入计算机。

　　（4）控制部分　多感觉智能机器人的控制分 3 层。整个控制系统硬件结构框图如图 1-3-23 所示，包括主控制单元、示教盒、3 个结构相同的下级控制单元（主要控制电动机的运转，1 个单元控制两台电动机）、向各控制单元提供机器人内部信号的接口（如极限位

图 1-3-22　集成六种传感器的机械手爪

图 1-3-23　控制系统硬件结构框图

置、零位等）以及完成人机交互界面和进行多信息融合计算和控制的计算机。

（5）总体布局　多感觉智能机器人系统总体布局如图1-3-24所示。控制部分包含各传感器的信号调理电路、主控制器及下级控制单元、驱动电路和电源等。

图 1-3-24 系统总体布局图

1—控制柜　2—键盘　3—示教盒　4—显示器　5—机座　6—大臂　7—小臂　8—CCD 摄像机　9—腕力传感器　10—触觉、滑觉、接近觉传感器　11—温度觉、热觉传感器　12—不同截面和不同材质的试件若干

任务实施

一、任务准备

实施本任务教学所使用的实训设备及工具材料见表1-3-3。

表 1-3-3　实训设备及工具材料

序号	分类	名称	型号规格	数量	单位
1		编码式位移传感器	自定	1	个
2		电位器位移传感器	自定	1	个
3		增量式光电编码器	自定	1	个
4		六维腕力传感器	自定	1	个
5	设备	十字梁腕力传感器	自定	1	个
6	器材	电涡流式传感器	自定	1	个
7		光纤传感器	自定	1	个
8		压觉传感器	自定	1	个
9		滚珠式滑觉传感器	自定	1	个
10		滚柱式滑觉传感器	自定	1	个

二、辨识工业机器人传感器

1. 指出 ABB 系列工业机器人多用传感器

学生分组，每组列出 ABB 系列工业机器人所有传感器种类，并指出其代号。

2. 根据所给传感器，选择并指出适应的部位

给出 10 种以上机器人常用传感器，供学生选择，并说出分别用于工业机器人的什么部位。

任务测评

对任务实施的完成情况进行检查，并将结果填入表1-3-4。

表 1-3-4 任务测评表

序号	主要内容	考核要求	评分标准	配分	扣分	得分
1	辨识工业机器人传感器	1. 指出 ABB 系列工业机器人所用传感器 2. 能根据所给传感器,选择并指出适应的部位 3. 能正确说出所选择传感器的工作原理	1. 未能分辨出机器人所用传感器,每个扣 10 分 2. 未能指出所给传感器在机器人中的适应部位,每个扣 10 分 3. 未能说出所选择传感器的工作原理,每个扣 10 分	90		
2	安全文明生产	劳动保护用品穿戴整齐;遵守操作规程;讲文明礼貌;操作结束要清理现场	1. 操作中,违反安全文明生产考核要求的任何一项扣 5 分,扣完为止 2. 当发现学生有重大事故隐患时,要立即予以制止,并每次扣安全文明生产总分 5 分	10		
合计				100		
开始时间:			结束时间:			

巩固与提高

一、填空题(将正确答案填入括号内)

1. 用于检测物体接触面之间相对运动大小和方向的传感器是_____传感器。

2. 传感器的输出信号达到稳定时,输出信号变化与输入信号变化的比值代表传感器的_____参数。

3. 传感器的基本转换电路是将敏感元件产生的易测量小信号进行变换,使传感器的信号输出符合具体工业系统的要求,一般为_____。

二、选择题(将正确答案的序号填入括号内)

1. 日本日立公司研制的经验学习机器人装配系统采用触觉传感器来有效地反映装配情况。其触觉传感器属于( )传感器。
A. 接触觉　　B. 接近觉　　C. 力/力矩觉　　D. 压觉

2. 机器人外部传感器不包括( )传感器。
A. 力或力矩　　B. 接近觉　　C. 触觉　　D. 位置

3. 机器人内部传感器不包括( )传感器。
A. 位姿与速度　B. 姿态与位置　C. 位置与运动状态　D. 姿态与速度

4. 工业机器人中( )是连接机身和手腕的部件。
A. 位置　　B. 速度　　C. 压觉　　D. 力觉

三、简答与分析题

1. 根据图 1-3-25 所示回答以下问题。
(1) 图中用到哪些传感器?
(2) 图中复合触觉传感器的作用是什么?

2. 能否设想一下,一个高智能类人机器人大约会用到哪些传感器技术?

3. 编码器有哪两种基本形式?各自特点是什么?

图 1-3-25　机器人手部传感器

任务4　认识工业机器人的控制与驱动系统

学习目标

知识目标：1. 掌握工业机器人控制系统的特点。
　　　　　2. 了解工业机器人控制系统的基本要求。
　　　　　3. 了解工业机器人控制系统的组成与结构。
　　　　　4. 掌握工业机器人的控制方式。
　　　　　5. 掌握工业机器人的控制策略。
　　　　　6. 掌握工业机器人的驱动系统结构。
能力目标：1. 能够辨别工业机器人伺服驱动器类别。
　　　　　2. 能够识别工业机器人电气控制柜各个元器件的名称及功能。

工作任务

　　机器人与其他机械装置有所不同，具有较强的通用性、柔软性和适应性。为满足这些要求，机器人通常由四部分构成，即操作人员与机器人之间进行的通信部分；测量周围环境和机器人自身状态的传感器部分；对信息进行处理的控制部分；根据决策执行动作的机器人本体部分。目前工业机器人在指令传递和驱动控制上，更多地依赖其本身机构所具备的灵活性以及计算机软件控制。

　　本次任务是：通过学习，了解有关工业机器人系统的基本组成、技术参数及运动控制，能够熟练地进行机器人坐标系和运动轴的选择，并能够使用示教器熟练操作机器人实现单轴运动、线性运动与重定位运动。

相关知识

一、工业机器人控制系统的特点

　　虽然工业机器人控制技术是在传统机械系统控制技术的基础上发展起来的，两者之间并无根本的不同，但工业机器人控制系统仍有其独到之处：

1）与机构运动学及动力学密切相关。工业机器人手部状态可以在各种坐标下描述，应当根据需要，选择不同的基准坐标系，并进行适当的坐标变换。经常要去解运动学的正问题和逆问题。除此之外还要考虑惯性力、外力（包括重力）及哥氏力、向心力等对机器人控制的影响。

2）比较复杂的工业机器人的自由度较多，且每个自由度需要配置一个伺服机构。在工作过程中，各个伺服机构必须协调起来，组成一个多变量控制系统。

3）从经典控制理论的角度来看，多数机器人控制系统中都包含非最小相位系统，例如步行机器人或关节式机器人往往包含有"上摆"系统。由于上摆平衡点不稳定，必须对其采取相应的控制策略。

4）把多个独立伺服系统有机地协调起来，使其按照人的意志行动，甚至赋予机器人一定的"智能"，这个任务只能由计算机来完成。因此，机器人控制系统必须是一个计算机控制系统。

5）描述机器人状态和运动的数学模型是非线性模型，随着状态的不同和外力的变化，其参数也在变化，各变量之间还存在耦合。因此，除采用位置闭环外，还要利用速度甚至加速度闭环。系统中经常使用重力补偿、前馈、解耦或自适应控制等方法。

6）机器人的动作往往可以通过不同的方式和路径来完成，因此存在一个最优方案的规划问题。较高级的机器人可以用人工智能的方法，依托计算机建立起庞大的信息库，借助信息库进行控制、决策、管理和操作。利用传感器和模式识别的方法获得对象及环境的工况，按照给定的指标要求，自动选择最佳控制规律。

总而言之，机器人控制系统是一个与运动学和动力学原理密切相关的、有耦合的以及非线性的多变量控制系统。由于它的综合性和特殊性，经典控制理论和现代控制理论都不能照搬使用。

二、工业机器人控制系统的基本功能

工业机器人控制系统是机器人的重要组成部分，其基本功能如下：

（1）记忆功能　记忆功能是指存储作业顺序、运动路径、运动方式、运动速度和与生产工艺有关的信息。

（2）示教功能　示教功能是指离线编程、间接示教和在线示教。其中在线示教包括示教盒示教和导引示教两种。

（3）与外围设备联系接口　联系接口是指输入和输出接口、通信接口、网络接口以及同步接口。

（4）坐标设置功能　坐标设置功能有关节、绝对、工具和用户自定义4种坐标系。

（5）人机接口　人机接口包括示教盒、操作面板和显示屏。

（6）传感器接口　传感器接口包括位置检测传感器接口、视觉传感器接口、触觉传感器接口和力觉传感器接口等。

（7）位置伺服功能　位置伺服功能包括机器人多轴联动、运动控制、速度和加速度控制以及动态补偿等。

（8）故障诊断安全保护功能　故障诊断安全保护功能主要是指运行时系统状态监视、故障状态下的安全保护和故障自诊断。

三、工业机器人控制系统的组成和基本结构

1. 组成
工业机器人控制系统包括硬件和软件两部分。

（1）硬件　机器人控制系统的硬件组成如图 1-4-1 所示。其配置如下：

图 1-4-1　机器人控制系统的硬件组成

1）控制计算机。控制系统的调度指挥机构。一般使用 32 位或 64 位微处理器，如奔腾系列 CPU 以及其他类型 CPU。

2）示教盒。设定示教机器人的工作轨迹和参数，完成所有人机交互操作，拥有独立的 CPU 以及存储单元，与主计算机之间以总线通信方式实现信息交互。

3）操作面板。由各种操作按键和状态指示灯构成，只完成基本功能操作。

4）硬盘和软盘存储器。存储机器人工作程序的外围存储器。

5）数字和模拟量输入/输出接口。实现各种状态和控制命令的输入或输出。

6）打印机接口。记录需要输出的各种信息。

7）传感器接口。用于接收机器人所使用的传感器的数据，实现对机器人的闭环控制。一般用于接收力觉、触觉和视觉传感器等的数据流。

8）轴控制器。完成机器人各关节位置、速度和加速度控制。

9）辅助设备控制。用于和机器人配合的辅助设备的控制，如手爪变位器等。

10）通信接口。实现机器人和其他设备的信息交换，包括串行接口和并行接口等。

11）网络接口。常用网络接口有 Ethernet 接口和 Fieldbus。

① Ethernet 接口。可通过以太网实现数台或单台机器人与 PC 直接通信，支持 TCP/IP 通信协议，数据传输速率高达 10Mbit/s，可直接在 PC 上用 Windows 库函数编程之后，利用该接口将数据及程序装入各机器人控制器中。

② Fieldbus 接口。支持多种流行的现场总线规格。如 Device net、AB Remote I/O、Interbus-s、Profibus-DP 以及 M-NE 等。

（2）软件　这里所说的软件主要是指控制软件，包括运动轨迹规划算法和关节伺服控制算法及相应的动作顺序。尽管可以使用多种计算机语言来编程，但由于大多数机器人的控制比较复杂，导致编程工作的劳动强度较大，编写的程序可读性也较差。针对于此，研发人员通过通用语言的模块化，开发了多种机器人专用语言。把机器人专用语言与机器人系统的融合，是当前机器人发展的主流。

2. 基本结构

控制系统结构通常有以下三种。

（1）集中控制式　用一台计算机实现全部控制功能，结构简单且成本低廉，但实时性差，难以扩展，其构成框图如图 1-4-2 所示。

图 1-4-2　集中控制式构成框图

（2）主从控制式　采用主、从两级处理器实现系统的全部控制功能。主计算机负责管理、坐标变换、轨迹生成和系统自诊断等；从计算机负责所有关节的动作控制。其构成框图如图 1-4-3 所示。主从控制方式系统实时性较好，适于高精度和高速度控制，但其系统扩展性较差，维修困难。

图 1-4-3　主从控制式构成框图

（3）分散控制式　按系统的性质和方式将系统控制分成几个模块，每一个模块各有不同的控制任务和控制策略，各模块之间可以是主从关系，也可以是平等关系。这种方式实时性好，易于实现高速和高精度控制，易于扩展，可实现智能控制，是目前流行的方式。其构成框图如图1-4-4所示。

图 1-4-4　分散控制式构成框图

四、工业机器人控制方式

1. 点位式

很多机器人需要对末端执行器的动作准确控制，而路径选择却无关紧要。例如，在印制电路板上进行安插元件、点焊和装配等工作，都属于点位式工作方式。这种控制方式比较简单，但是精度有限，很难达到 $2\sim3\mu m$。

2. 轨迹式

在弧焊、涂装以及切割等工作中，要求机器人末端执行器按照示教的轨迹和速度运动。如果偏离预定的轨迹和速度，就会使产品报废。其控制方式类似于控制原理中的跟踪系统，可称之为轨迹伺服控制。

3. 力（力矩）控制方式

机器人在进行装配或抓放物体等工作时，除要准确定位之外，还需使用适度的力或力矩，这时就要利用力（力矩）伺服控制方式。这种方式的控制原理与位置伺服控制原理基本相同，只不过输入量和反馈量不是位置信号而是力（力矩）信号，因此系统中必须设有力（力矩）传感器。有时也利用接近、滑动等传感功能进行自适应式控制。

4. 智能控制方式

工业机器人的智能控制是通过传感器获得周围环境的参数，并根据自身内部的知识库做出相应的决策。采用智能控制技术，使工业机器人具有了较强的环境适应性及自学习能力。智能控制技术的发展有赖于近年来人工神经网络、基因算法、遗传算法和专家系统等人工智能的迅速发展。

五、工业机器人控制策略

机器人的控制策略很多，在此仅介绍一些常见的控制策略。

1. 重力补偿

在机器人系统，特别是关节型机器人中，手臂的自重相对于关节点会产生一个力矩，这个力矩的大小随手臂所处的空间位置而变化。显然这个力矩对控制系统来说是不利的，但这个力矩的变化是有规律的，可以通过传感器测出手臂的转角，再利用三角函数和坐标变换计算出来。如果在伺服系统的控制量中实时地加入一个抵消重力影响的量，那么控制系统就会大为简化。力矩的计算要在自然坐标系中进行，可以是各个关节独立进行重力补偿，称为单级补偿；也可以同时考虑其他关节的重力进行补偿，称为多级补偿。

2. 前馈和超前控制

在轨迹式控制方式中，根据事先给定的运动规律，就可以从给定信号中提取速度和加速度信号，把它加在伺服系统的适当部位上，以消除系统的速度和加速度跟踪误差，即为前馈控制。该控制方式在不影响系统稳定性的前提下，控制效果显著。

同样，由于运动规律是已知的，可以根据被控对象某一时刻的位置与速度，估计下一时刻的位置误差，并把这个估计量加到下一时刻的控制量中，即为超前控制。

超前控制与前馈控制的区别在于：前者是指将控制量在时间上提前，后者是指控制信号的流向是向前的。

3. 耦合惯量及摩擦力补偿

在一般情况下，只要外关节的伺服带宽大于内关节的伺服带宽，就可以把各关节的伺服系统看成是相互独立的，这样处理可以使问题大为简化。剩下的问题仅仅是怎样把"工作任务"分配给各伺服系统了。然而在高速、高精度机器人中，必须考虑一个关节运动会引起另一个关节的等效转动惯量变化，也就是耦合惯量问题。要解决耦合惯量问题则需要对机器人进行加速度补偿。

在高精度机器人中还要考虑对摩擦力的补偿。由于静摩擦力与动摩擦力的差别很大，因此系统起动时刻和起动后补偿量是不同的。摩擦力的大小可以通过实验测得。

4. 传感器位置反馈

在点位控制方式中，单靠提高伺服系统的性能来保证精度要求有时是比较困难的。因此，可以在程序控制的基础上，再用一个位置传感器进一步消除误差。传感器可以选择简单的，感知范围较小的产品。这种系统虽然在硬件上有所增加，但软件的工作量却可以大大减少。这种系统称为传感器闭环系统或大环伺服系统。

5. 记忆-修正控制

在轨迹控制方式中，可以利用计算机的记忆和计算功能，记忆前一次的运动误差，改进后一次的控制量。经过若干次修正即可逼近理想轨迹。这种系统被称为记忆-修正控制系统，它适用于重复操作场合。

6. 触觉控制

机器人的触觉既可以判别物体的有无，也可以判断物体的形状。前者可以用于控制动作的起停；后者可以用于选择零件或改变行进路线等。人们还经常利用滑觉（切向力传感器）来自动改变机器人夹持器的握力，使物体不致滑落，同时又不至于破坏物体。触觉控制可以使机器人具有某种程度的适应性，因此可以把它看成是一种初级的"智能"。

7. 听觉控制

有些机器人可以根据人的口头命令给出回答或执行指令，这是利用了声音识别系统。该系统首先提取声音信号的特征，例如幅度特征、过零率、音调周期、线性预测系数或升到共振峰等特性，然后与事先存储在计算机内的"标准模板"进行比较。这种系统可以识别有限的特定词汇，较高级的声音识别系统还可以用句法分析手段识别较多的语音内容。

8. 视觉控制

利用视觉控制可以获取大量外界信息，但由于计算机容量及处理速度的限制，所处理的信息往往是有限的。机器人系统常利用视觉系统判别物体形状和物体之间的关系，或者测量距离，选择运动路径等。无论是光导摄像管，还是电荷耦合器件都只能获取二维图像信息。为了获取三维视觉信息，可以使用两台或多台摄像机，也可以从光源入手，例如使用结构光。获得的信息用模式识别的办法进行处理。由于视觉系统结构复杂且价格昂贵，一般只用于比较高级的机器人中，在通常情况下，可以考虑使用简易视觉系统，光源也不仅限于普通光，还可以使用激光、红外线、X 光、超声波等。

9. 最佳控制

在高速机器人中，除选择最佳路径外，还普遍采用最短时间控制，即所谓"砰砰"控制。简单地说，机械臂的动作分为两步：先是以最大能力加速，然后以最大能力减速，中间选择一个最佳切换时间，即可保证速度最快。

10. 自适应控制

多数情况下，机器人手臂的物理参数是变化的。例如，夹持不同的物体处于不同的状态下，机器人手臂承受的质量和惯性矩都是在变化的，因此运动方程式中的参数也在变化。此外，工作过程中，还存在着未知的干扰。只有实时地辨别系统参数并调整增益矩阵，才能保证跟踪目标的准确性。这就是典型的自适应控制问题。由于机器人系统复杂，工作速度快，和一般的过程控制中的自适应控制相比，问题要复杂得多。

11. 解耦控制

机器人手臂的运动会对其他运动产生影响，即各自由度之间存在着耦合。在耦合较弱的情况下，可以把它视作一种干扰，在设计中留有余地就可以消除。在耦合严重的情况下，则必须考虑采取解耦措施，使各自由度相对独立。

12. 递阶控制

智能机器人具有视觉、触觉或听觉等多种传感器，自由度的数目往往较多，各传感器系统要对信息进行实时处理，对各关节进行实时控制，它们是并行且有机协调的。因此必然采用多层次控制，每一层次都有独立的工作任务，负责给下一层次提供控制指令和信息；下一层次又把自身的状态及执行结果反馈给上一层次。最低一层是各关节的伺服系统，最高一层是管理（主）计算机，称为协调级。由此可见，某些大型系统控制理论可以用在机器人系统之中。

六、工业机器人的驱动系统

工业机器人驱动系统按动力源可分为液压驱动、气动驱动和电力驱动三种基本驱动类型。可以根据需要选用任意一种，或合成式驱动系统。这三种基本驱动系统的主要特点见表1-4-1。

表 1-4-1　液压驱动、气动驱动和电力驱动系统的主要特点

内容	驱动方式		
	液压驱动	气动驱动	电力驱动
输出功率	输出功率极大,压力范围为 $50\sim140N/cm^2$	输出功率大,压力范围为 $48\sim60N/cm^2$,最大可达 $100N/cm^2$	较大
控制性能	利用液体的不可压缩性,控制精度较高,输出功率大,可无级调速,反应灵敏,可实现连续轨迹控制	气体压缩性强,精度低,阻尼效果差,低速时不易控制,难以实现高速且高精度的连续轨迹控制	控制精度高,功率较大,能精确定位,反应灵敏,可实现高速且高精度的连续轨迹控制,伺服特性好,控制系统复杂

（续）

内容	驱动方式		
	液压驱动	气动驱动	电力驱动
响应速度	极快	较快	极快
结构性能及体积	结构适当，执行机构可标准化和模拟化，易实现直接驱动。功率/质量比大，体积小，结构紧凑，密封问题较突出	结构适当，执行机构可标准化和模拟化，易实现直接驱动。功率/质量比大，体积小，结构紧凑，密封问题较小	伺服电动机易于标准化，结构性能好，噪声低。一般需配置减速装置，除 DD 电动机（直驱电动机）外，难以直接驱动，结构紧凑，无密封问题
安全性	防爆性能较好，用液压油作传动介质，在一定条件下有火灾危险	防爆性能好，高于 1000kPa（10 个大气压）时应注意设备的抗压性	设备自身无爆炸和火灾危险，直流电动机换向时电刷有火花，防爆性能较差
对环境的影响	液压系统易漏油，对环境有污染	排气时有噪声	无
在工业机器人中的应用范围	适用于重载，低速驱动，电动机伺服系统适用于喷涂机器人、点焊机器人和托运机器人	适用于中小负载驱动、精度要求较低的有限点位程序控制机器人，如冲压机器人本体的气动平衡及装配机器人气动夹具	适用于中小负载、要求具有较高的位置控制精度和轨迹控制精度、速度较高的机器人，如 AC 伺服喷涂机器人、点焊机器人、弧焊机器人、装配机器人等
成本	液压元件成本较高	成本低	成本高
维修及使用	方便，但油液对环境温度有一定要求	方便	较复杂

1. 液压驱动

液压驱动工业机器人如图 1-4-5 所示，利用油液作为工作介质来传递能量。电动机带动液压泵输出液压油，将电动机输出的机械能转换成油液的压力能，液压油经过管道及控制调节装置进入液压缸，推动活塞杆运动，从而使机械臂产生伸缩或升降等运动，将油液的压力能又转换成机械能。

（1）液压系统的组成　液压系统主要由液压泵、液压机（液压执行装置）、控制调节装置和辅助装置等部分组成。

1）液压泵，是能量转换装置，将电动机输出的机械能转换为油液的压力能，驱动整个液压系统工作。

图 1-4-5　液压驱动工业机器人

2）液压执行装置，是将压力能转换为机械能，驱动机构做运动的部分，包括做直线往复运动的液压缸和回转运动的液压马达。

3）控制调节装置，指各类阀，包括压力控制阀、流量控制阀和方向控制阀，主要调节控制液压系统油液的压力、流量和方向，使机器人的机械臂、手腕以及手指等能够完成程序所要求的运动。

4）辅助装置，包括油箱、滤油器、蓄能器、管路和管接头以及压力表等。

（2）液压伺服驱动系统　液压驱动机器人分为程序控制驱动和伺服控制驱动两种类型。前者属于非伺服型，用于有限点位要求的简易搬运机器人，而液压驱动机器人中应用较多的是后者。在此主要介绍液压伺服驱动系统。

液压伺服驱动系统由液压源、驱动器、伺服阀、传感器和控制回路组成，如图 1-4-6 所示。

伺服阀在液压伺服系统中是不可缺少的一部分，它利用电信号实现对液压系统能量的控制。工作时液压泵将液压油供给伺服阀，同时给定位置指令值与位置传感器的实测值之差经放大器放大后产生的模拟信号送到伺服阀。当信号输入到伺服阀时，液压油被供到驱动器并驱动载荷。如果反馈信号与输入指令值相同，驱动器便停止。

图 1-4-6 工业机器人液压伺服驱动系统

在响应快、载荷大的伺服系统中往往采用液压驱动器，原因在于液压驱动器的输出力与重量比最大。

2. 气动驱动

气动驱动工业机器人如图 1-4-7 所示，是指以压缩空气为工作介质来传递能量，工作原理与液压驱动相似。工业机器人气动驱动结构如图 1-4-8 所示。

图 1-4-7 气动驱动工业机器人（冲压）

图 1-4-8 工业机器人气动驱动结构

气动驱动系统由以下 4 部分组成。

（1）**气源系统** 压缩空气是保证气动系统正常工作的动力源。一般工厂均设有压缩空气站，压缩设备主要是空气压缩机和气源净化辅助设备。

由于压缩空气中含有水汽、油气和灰尘，这些杂质如果被直接带入储气罐、管道及气动元件和装置中，会引起腐蚀、磨损和阻塞等一系列问题，从而造成气动系统效率和寿命降低以及控制失灵等严重后果。因此，压缩空气需要经过净化才能使用。

（2）气源净化辅助设备　气源净化辅助设备主要有后冷却器、油水分离器、储气罐和过滤器等。

1）后冷却器。后冷却器安装在空气压缩机出口处的管道上，它的作用是使压缩空气降温。

一般工作压力为 $8kgf/cm^2$（$1kgf/cm^2 = 98kPa$）的空气压缩机排气温度高达 $140 \sim 170℃$，压缩空气中所含有的水和油（气缸润滑油混入压缩空气）均为气态。经后冷却器降温 $40 \sim 50℃$ 后，水汽和油气凝聚成水滴和油滴，再经油水分离器析出。

2）油水分离器。将油滴和水滴分离出去。

3）储气罐。存放大量压缩空气，以供给气动装置连续稳定的压缩空气，并可减少由于气流脉动所造成的管道振动。

4）过滤器。过滤压缩空气。一般气动控制元件对空气的过滤要求比较严格，常采用简易过滤器过滤后，再经分水过滤器二次过滤。

（3）气动执行机构　气动执行机构有气缸和气动马达两种。

气缸和气动马达（风动马达）是将压缩空气的压力能转换为机械能的能量转换装置。气缸输出力，驱动机构做直线往复运动或往复摆动；气动马达输出力矩，驱动机构做回转运动。

（4）空气控制阀和气动逻辑元件　空气控制阀是气动控制元件，它的作用是控制和调节气路系统中压缩空气的压力、流量和方向，从而保证气动执行机构按规定程序正常工作。

空气控制阀有压力控制阀、流量控制阀和方向控制阀三类。

气动逻辑元件是通过可动部件的动作，进行元件切换而实现逻辑功能的。采用气动逻辑元件使自动控制系统变得简单、经济、可靠和寿命延长。

3. 电力驱动

电力驱动也称为电气驱动，是利用电动机产生的力或力矩直接或通过减速机构等间接驱动机器人的各个运动关节的驱动方式，一般由电动机及其驱动器组成。图 1-4-9 所示的弧焊机器人即采用这种驱动方式。

（1）电动机　工业机器人常用的电动机有直流伺服电动机、交流伺服电动机和步进伺服电动机。

1）直流伺服电动机（DC 伺服电动机）。直流伺服电动机的控制电路比较简单，所构成的驱动系统价格比较低廉，但是在使用过程中电刷会有磨损，需要定期调整或更换，既增加了工作量又会影响机器人性能，且电刷易产生火花，在产生喷雾或粉尘等的工作环境中容易引起火灾等，存在安全隐患。

2）交流伺服电动机（AC 伺服电动机）。交流伺服电动机的结构比较简单，转子由磁体构成，直径较小；定子由三相绕组构成，

图 1-4-9　电力驱动工业机器人

可通过大电流，无电刷，运行安全可靠；适用于频繁起停工作，而且过载能力、力矩惯量比和定位精度等优于直流伺服电动机；但是其控制电路比较复杂，所构成的驱动系统价格相对较高。

3）步进伺服电动机。步进伺服电动机是以电脉冲驱动转子转动产生转角值的动力装置。其中输入的脉冲数决定转角值，脉冲频率决定转子的速度。其控制电路较为简单，且不需要转动状态检测电路，因此所构成的驱动系统价格比较低廉。但是，步进伺服电动机的功率较小，不适用于大负荷的工业机器人。

（2）驱动器　伺服驱动器也称为伺服控制器或伺服放大器，是用来控制、驱动伺服电动机的一种控制装置，多数是采用脉冲宽度调制（PWM）技术。为了满足实际工作对机器人的位置、速度和加速度等物理量的要求，通常采用如图 1-4-10 所示的驱动电路，由位置控制构成的位置环、速度控制构成的速度环和转矩控制构成的电流环组成。

驱动器电路一般包括功率放大器、电流保护电路、高低压电源、计算机控制系统电路等。根据控制对象（电动机）的不同，一般分为直流伺服电动机驱动器、交流伺服电动机驱动器和步进伺服电动机驱动器。

1）直流伺服电动机驱动器。一般采用 PWM 伺服驱动器，通过改变脉冲宽度来改变加在电动机电枢两端的电压调节电动机转速。PWM 伺服驱动器具有调速范围宽、低速特性好、响应快和效率高等特点。

2）交流伺服电动机驱动器。一般采用电流型脉宽调制（PWM）变频调速伺服驱动器，将给定速度与电动机的实际速度进行比较，得到速度偏差；根据速度偏差产生的电流信号控制交流伺服电动机的转速。交流伺服电动机驱动器具有转动惯量比高的优点。

图 1-4-10　工业机器人驱动电路框图

3）步进伺服电动机驱动器。该类驱动器是一种将电脉冲转化为角位移的执行机构，主要由脉冲发生器、环形分配器和过滤放大器等部分组成。通过控制供电模块对步进电动机的各相绕组按合适的时序进行供电；驱动器每接收一个脉冲信号，就能够驱动步进伺服电动机转动一个固定的角度（也称为步距角）。可以通过控制脉冲个数控制电动机的转角位移量，也可通过控制脉冲频率控制电动机的转动速度和加速度，达到定位和调速的目的。

任务实施

一、任务准备

实施本任务教学所使用的实训设备及工具材料见表 1-2-2。

二、认识机器人控制柜

本任务采用 ABB 公司生产的 IRC5 控制柜，如图 1-4-11 所示。IRC5 以先进动态建模技术为基础，对机器人性能实施自动优化，大幅提升了其执行任务的效率。IRC5 控制柜包括开关、按钮、模式切换按钮、I/O 端子排、动力电缆、编码器电缆、示教器电缆和通信电缆等，其部件功能说明见表 1-2-3。机器人的运动算法全部集成在控制柜里面，具备强大的数据运算能力且可以实现各种运行逻辑的控制。

图 1-4-11　IRC5 控制柜

三、认识示教器

1. 示教器组成

机器人示教器是一种手持式操作装置，用于执行与操作机器人系统有关的多种任务：编写程序、运行程序、修改程序、手动操纵、参数配置和监控机器人状态等。示教器包括使能器按钮、触摸屏、触摸笔、急停按钮、操纵杆和一些功能按钮，如图 1-4-12 所示。其各部件的作用见表 1-4-2。

表 1-4-2　示教器主要部件功能说明

标号	部件名称	说　明
A	连接器	与机器人控制柜连接
B	触摸屏	显示机器人的程序和状态
C	急停按钮	紧急情况下停止机器人
D	操纵杆	控制机器人的各种运动,如轴运动或直线运动
E	USB 接口	上传或下载程序
F	使能器按钮	给机器人的 6 个电动机使能上电
G	触摸笔	与触摸屏配套使用
H	重置按钮	将示教器重置为出厂状态

示教器的功能按键如图 1-4-13 所示，其功能说明见表 1-4-3。

图 1-4-12　示教器

图 1-4-13　示教器功能按键

表 1-4-3　示教器按键功能说明

标号	说　　明
A-D	预设按键,可以根据实际需求设定按键功能
E	选择机械单元(用于多机器人控制)
F	切换运动模式,机器人重定位或者线性运动
G	切换运动模式,实现机器人的单轴运动,轴 1~3 或轴 4~6
H	切换增量控制模式,开启或者关闭机器人增量运动
J	后退按键,使程序逆向运动,程序运行到上一条指令
K	前进按键,使程序正向运动,程序运行到下一条指令
L	起动按键,机器人正向运行整个程序
M	暂停按钮,机器人暂停运行程序

2. 示教器手持方式

示教器的手持方式如图 1-4-14 所示。用左手手持,4 指穿过张紧带,手指触摸使能器按钮,掌心与大拇指握紧示教器。

图 1-4-14　示教器的手持方式

机器人使能按钮有两个挡位,一挡伺服上电,二挡使机器人处于防护装置停止状态。需使用适当的力度握住使能器才能给机器人使能上电。

四、工业机器人系统起动

1. 工业机器人系统连接

按照图 1-2-36 所示的工业机器人系统的接线图进行工业机器人系统连接。

2. 系统起动

1)确认系统接线无误后,在指导教师的许可下接通系统电源,如图 1-4-15 所示。

2)将操作控制柜的"4P 断路器"上打,开启电源,控制柜内的两个散热风扇开始转动;再将控制柜的"关机/开机"旋钮旋转到右边开机状态,上电完成,如图 1-4-16 所示。

3)将机器人控制柜背面的电源开关从水平旋转到垂直状态(即从 OFF 旋转到 ON),机器人系统开机完成。将"自动/手动钥匙旋钮"旋转到右边手型图案,让机器人进入手动模式,如图 1-4-17 所示。

五、手动操纵工业机器人

1. 单轴运动控制

1)左手持机器人示教器,右手单击示教器界面左上角的"▤∨"打开菜单栏;单击"手动操纵",进入手动操纵界面,如图 1-4-18 所示。

图 1-4-15 配电系统电源操作面板

图 1-4-16 控制柜电源操作面板

图 1-4-17 控制柜电源操作面板（背面）

手动	防护装置停止
120-504306 ()	已停止（速度 100%）

手动操纵

点击属性并更改

机械单元：	ROB_1...
绝对精度：	Off
动作模式：	线性...
坐标系：	基坐标...
工具坐标：	tool0...
工件坐标：	wobj0...
有效载荷：	load0...
操纵杆锁定：	无...
增量：	无...

位置
坐标中的位置：WorkObject

X:	193.73 mm
Y:	3.29 mm
Z:	523.34 mm
q1:	0.52903
q2:	-0.01933
q3:	0.84835
q4:	0.00676

位置格式...

操纵杆方向 X Y Z

对准... 转到... 启动...

手动操纵 ROB_1

图 1-4-18 手动操纵界面

2）单击"动作模式"，进入模式选择界面。选择"轴 1-3"，单击"确定"，动作模式设置成"轴 1-3"，如图 1-4-19 所示。

图 1-4-19　模式选择界面

3）移动如图 1-4-19 中的操纵杆，左右摇杆控制轴 1 左右运动，前后摇杆控制轴 2 上下运动，逆时针或顺时针旋转摇杆控制轴 3 上下运动。

4）单击"动作模式"，进入模式选择界面。选择"轴 4-6"，单击"确定"，动作模式设置成了"轴 4-6"，如图 1-4-20 所示。

图 1-4-20　"动作模式"切换

5）移动图 1-4-20 中的操纵杆，左右摇杆控制轴 4 左右运动，前后摇杆控制轴 5 上下运动，逆时针或顺时针旋转摇杆控制轴 6 逆或顺时针运动。

【提示】　轴切换技巧：示教器上的⊕按键能够完成"轴 1-3"和"轴 4-6"的切换。

2. 线性运动与重定位运动控制

1）单击"动作模式"，进入模式选择界面。选择"线性"，单击"确定"，动作模式设置成了"线性运动"，如图 1-4-21 所示。

2）移动图 1-4-21 中的操纵杆，左右摇杆控制机器人法兰中心左右运动，前后摇杆控制机器人法兰中心后前运动，逆时针或顺时针旋转摇杆控制机器人法兰中心上下运动。

图 1-4-21 "线性运动" 模式选择

3）单击 "动作模式"，进入模式选择界面。选择 "重定位"，单击 "确定"，动作模式设置成了 "重定位运动"，如图 1-4-22 所示。

图 1-4-22 "重定位" 动作模式选择

4）移动图 1-4-22 中的操纵杆，机器人围绕着法兰盘中心运动。

任务测评

对任务实施的完成情况进行检查，并将结果填入表 1-4-6。

表 1-4-4　任务测评表

序号	主要内容	考核要求	评分标准	配分	扣分	得分
1	认识控制柜	正确描述控制柜组成及各部件功能说明	1. 说出控制柜的组成有错误或遗漏，每处扣 5 分 2. 描述控制柜部件的功能有错误或遗漏，每处扣 5 分	20		
2	机器人系统起动	正确连接工业机器人控制系统，并能完成系统的起动	1. 系统接线有错误或遗漏，每处扣 5 分 2. 未能起动系统，每处扣 10 分	20		
3	手动操纵工业机器人	1. 单轴运动控制 2. 线性运动与重定位运动控制	1. 未能完成单轴运动控制，扣 20 分 2. 未能完成线性运动控制，扣 20 分 3. 未能完成重定位运动控制，扣 20 分 4. 未能根据控制要求，完成工业机器人手动操纵操作，扣 50 分	50		
4	安全文明生产	劳动保护用品穿戴整齐；遵守操作规程；讲文明礼貌；操作结束要清理现场	1. 操作中，违反安全文明生产考核要求的任何一项扣 5 分，扣完为止 2. 当发现学生有重大事故隐患时，要立即予以制止，并每次扣安全文明生产总分 5 分	10		
合计				100		
开始时间：			结束时间：			

巩固与提高

一、填空题（将正确答案填入括号内）

1. 工业机器人控制系统主要包括_____和_____两部分。

2. 工业机器人控制系统按结构可分为_____、_____和分散控制式。

3. 工业机器人的控制方式有点位式、_____、力（力矩）控制方式、智能控制方式。

4. 工业机器人的驱动器按动力源可分为_____，_____和电力驱动。

5. 伺服驱动器是通过_____、_____和_____三种方式对伺服电动机进行控制，实现高精度的系统定位。

二、选择题（将正确答案的序号填入括号内）

1. 液压系统主要由（　　）组成。

A. 液压泵　　　　B. 液动机　　　　C. 控制调节装置　　　　D. 辅助装置

2. 气动驱动系统主要由（　　）组成。

A. 气源系统　　　　　　　　B. 气源净化辅助设备

C. 气动执行机构　　　　　　D. 空气控制阀和气动逻辑元件

3. 常用驱动电动机有（　　）。

A. 直流伺服电动机　　　　　B. 交流伺服电动机

C. 步进电动机　　　　　　　D. 三相异步电动机

4. 步进电动机是一种将（　　）转换成相应的角位移或直线位移的数字模拟装置。

A. 速度信号　　　B. 电脉冲信号　　　C. 光信号　　　　D. 角速度信号

三、简答与分析题

1. 简述工业机器人控制系统基本组成及功能。

2. 工业机器人伺服系统的组成有哪些？

模块二

工业机器人示教编程

任务1 初识工业机器人作业示教

学习目标

知识目标：1. 掌握工业机器人示教的主要内容。
　　　　　2. 熟悉工业机器人在线示教的特点与操作流程。
　　　　　3. 掌握工业机器人示教——再现工作原理。

能力目标：能够进行工业机器人简单作业在线示教与再现。

工作任务

工业机器人编程方式的发展主要经历三个阶段，即示教再现编程阶段、离线编程阶段和自主编程阶段。目前生产中应用的机器人系统大多处于示教再现编程阶段。

本任务的内容是：通过学习，掌握工业机器人示教编程的特点及示教再现编程的主要内容、具体方法和步骤，并通过工业机器人简单作业在线示教与再现，掌握机器人示教再现的操作方法。

相关知识

一、工业机器人示教主要内容

目前企业引入的工业机器人仍然以第一代工业机器人为主，其基本工作原理是示教再现。"示教"也称为导引，即由操作者直接或间接导引机器人，一步步按实际作业要求告知机器人应该完成的动作和作业的具体内容，机器人在导引过程中以程序的形式将其记忆下来，并存储在控制装置内；"再现"则是通过存储内容的回放，使机器人能在一定精度范围内按照程序展现所示教的动作，完成作业内容。也就是说，使用机器人代替工人进行自动化作业，必须预先赋予机器人完成作业所需的信息，即运动轨迹、作业条件和作业顺序。

1. 运动轨迹

运动轨迹是机器人为完成某一作业，其工具中心点（TCP）所掠过的路径，它是机器人示教的重点。按运动方式区分，工业机器人具有点到点（PTP）运动和连续路径（CP）运动两种形式，关于这一点在前面任务已详细介绍；按运动轨迹区分，工业机器人具有直线和圆弧两种动作类型，其他任何复杂的运动轨迹都可由它们组合而成。

示教时，不可能将作业运动轨迹上所有的点都示教一遍，一是费时；二是占用大量的存储空间。实际上，对于有规律的轨迹，原则上仅需示教几个程序点（也称为示教点，按示教先后顺序存储的位置点）。例如，直线轨迹示教 2 个程序点（直线起始点和直线结束点）；圆弧轨迹示教 3 个程序点（圆弧起点、圆弧中间点和圆弧结束点）。在具体操作过程中，通常采用 PTP 方式示教各段运动轨迹的端点，而端点之间的 CP 运动由机器人控制系统的路径规划模块经插补运算完成。

例如，当再现如图 2-1-1 所示的运动轨迹时，机器人按照程序点 1 输入的插补方式和再现速度移动到程序点 1 的位置。然后，在程序点 1 和 2 之间，按照程序点 2 输入插补方式和再现速度移动。同样，

图 2-1-1 机器人运动轨迹

在程序点 2 和 3 之间，按照程序点 3 输入插补方式和再现速度移动。依此类推，当机器人到达程序点 3 的位置后，按照程序点 4 输入的插补方式和再现速度移向程序点 4 的位置。

【提示】 ① 插补方式：机器人再现时，决定程序点之间采取何种轨迹移动。
② 再现速度：机器人再现时，程序点间的移动速度。

由此可见，机器人运动轨迹的示教主要是确认程序点的属性。一般来说，每个程序点主要包括如下 4 部分信息：

（1）位置坐标 描述机器人 TCP 的 6 个自由度（3 个平动自由度和 3 个转动自由度）。

（2）插补方式 机器人再现时，从前一程序点移动到当前程序点的动作类型。表 2-1-1 是工业机器人作业示教经常采用的 3 种插补方式。

表 2-1-1 工业机器人常见插补方式

插补方式	动作描述	动作图示
关节插补	机器人在未规定采取何种轨迹移动时，默认采用关节插补。出于安全考虑，通常在程序点 1 用关节插补示教	
直线插补	机器人从前一程序点到当前程序点运行一段直线，即直线轨迹仅示教 1 个程序点（直线结束点）即可。直线插补主要用于直线轨迹的作业示教	

（续）

插补方式	动作描述	动作图示
圆弧插补	机器人沿着用圆弧插补示教的3个程序点执行圆弧轨迹移动。圆弧插补主要用于圆弧轨迹的作业示教	

（3）再现速度　机器人再现时，从前一程序点移动到当前程序点的速度。

（4）作业点/空走点　机器人再现时，决定从当前程序点移动到下一程序点是否实施作业。作业点则指从当前程序点移动到下一程序点的整个过程需要实施的作业，主要用于作业开始点和作业中间点两种情况；空走点指从当前程序点移动到下一程序点的整个过程不需要实施作业，主要用于除作业开始点和作业中间点之外的程序点。需要指出的是，在作业开始点和作业结束点一般都有相应的作业开始和作业结束命令。例如 YASKAWA 机器人，焊接作业开始命令 ARCON 和结束命令 ARCOF，搬运作业开始命令 HAND ON 和结束命令 HAND OF 等。

【提示】

① 作业区间的再现速度一般等于作业参数中指定的速度移动，而空走区间的移动速度则等于移动命令中指定的速度移动。

② 登录程序点时，程序点属性值也将一同被登录。

2. 作业条件

为获得良好的产品质量与作业效果，在机器人再现之前，有必要合理配置其作业的工艺条件。例如，弧焊作业时的电流、电压、速度和保护气体流量；点焊作业时的电流、压力、时间和焊钳类型；涂装作业时的涂液吐出量、选泵、旋杯旋转、调扇幅气压和高电压等。工业机器人作业条件输入方法有以下 3 种：

（1）使用作业条件文件　输入作业条件的文件称为作业条件文件。使用这些文件，可以使作业命令的调用更为简便。例如，对机器人弧焊作业而言，焊接条件文件有引弧条件文件（输入引弧时的条件）、熄弧条件文件（输入熄弧时的条件）和焊接辅助条件文件（输入再引弧功能、再起动功能及自动解除粘丝功能）三种。每种文件的调用以编号形式指定。

【提示】　作业命令：工业机器人应用领域不同，其控制系统所安装的作业软件包也有所不同，如弧焊作业软件、点焊作业软件、搬运作业软件、包装作业软件、装配作业软件以及压铸作业软件等。

（2）在作业命令的附加项中直接设定　采用此方法进行作业条件设定，首先需要了解机器人指令的语言形式，或者程序编辑画面的构成要素。由图 2-1-2 可知，程序语句一般由行标号、命令及附加项几部分组成。修改附加项数据时，将光标移动到相应语句上，然后单击示教器相关按键即可。

（3）手动设定　在某些应用场合下，有关作业参数的设定需要手动进行。例如，弧焊作业时的保护气体流量，点焊作业时的焊接参数等。

8:	J	P[1]100%FINE		0008	MOVJ	VJ=80.00
1	2	3		4	5	6

a) FANUC机器人　　　　　　　　　b) YASKAWA机器人

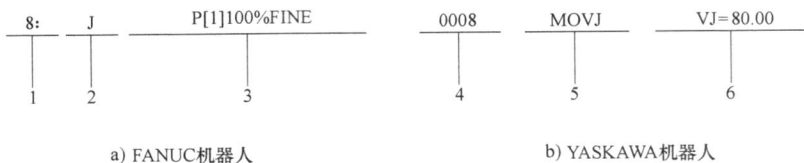

图 2-1-2　程序语句的主要构成要素

1，4—行标号　2，5—命令　3，6—附加项

3. 作业顺序

同作业条件的设置类似，合理的作业顺序不仅可以保证产品的质量，而且可以有效提高效率。作业顺序的设置主要涉及以下两个方面：

1) 作业对象的工艺顺序。这部分内容基本已融入机器人运动轨迹的合理规划中，即在某些简单作业场合，作业顺序的设定同机器人运动轨迹的示教合二为一。

2) 机器人与外围设备的动作顺序。在完整的工业机器人系统中，除机器人本身外，还包括一些外围设备，例如变位机、移动滑台和自动工具快换装置等。机器人要完成期望作业，需要依靠其控制系统与外围辅助设备的有效配合，互相协调使用，以减少停机时间、降低设备故障率、提高安全性，并获得理想的作业质量。

二、工业机器人的简单示教与再现

为使机器人能够进行再现，就必须把机器人工作单元的作业过程用机器人语言编程。然而，目前机器人编程语言尚未统一，各机器人生产厂商都有自己的编程语言，如 ABB 机器人编程用 RAPID 语言（类似 C 语言），FANUC 机器人用 KAREL 语言（类似 Pascal 语言），YASKAWA 机器人用 Moto-Plus 语言（类似 C 语言），KUKA 机器人用 KRL 语言（类似 C 语言）等。不过，好在一般用户接触到的语言都是机器人公司自主开发的针对用户的语言平台，通俗易懂，在这一层面，因各机器人所具有的功能基本相同，因此不论语法规则和语言形式变化多大，其关键特性基本相似，部分命令对照见表 2-1-2。因此，只要掌握某一品牌机器人的示教与再现方法，对于其他厂家机器人的作业编程就很容易上手。

表 2-1-2　不同厂商机器人部分命令对照

运动形式	移动方式	移动命令			
		ABB	FANUC	YASKAWA	KUKA
点位运动	PTP	MoveJ	J	MOVJ	PTP
连续路径运动	直线	MoveL	L	MOVL	LIN
	圆弧	MoveC	C	MOVC	CIRC

以工业机器人为主的柔性加工生产单元作为未来制造业的主要发展方向，其功能的灵活性和智能性在很大程度上取决于机器人的示教能力。即在工业机器人应用系统中，机器人的作业示教是关键环节之一。其中，在线示教因简单直观、易于掌握，是工业机器人目前普遍采用的示教方式。

1. 在线示教及其特点

由操作人员手持示教器引导控制机器人运动，记录机器人作业的程序点并插入所需的机器人命令来完成程序的编制，如图 2-1-3 所示。典型的示教过程是依靠操作者观察机器人及其末端夹持工具相对于作业对象的位姿，通过示教器操作，反复调整程序点处机器人的作业位姿、运动参数和工艺条件，然后将满足作业要求的数据记录下来，再转入下一程序点的示教。

为示教方便以及获取信息的快捷和准确，操作者可以选择在不同坐标系下手动操纵机器人。整个示教完成后，机器人自动运行（再现）示教时记录的数据，通过插补运算，就可重复再现在程序点上记录的机器人位姿。

在早期机器人作业编程系统中，还有一种人工牵引示教（也称为直接示教或手把手示教）。即由操作人员牵引装有力—力矩传感器的机器人末端执行器对工件实施作业，机器人实时记录整个示教轨迹与工艺参数，然后根据这些在线参数就能准确再现整个作业过程。该示教方式控制简单，但劳动强度大，操作技巧性高，精度不易保证。如果示教失误，修正路径的唯一方法就是重新示教。因此，通常所说的在线示教编程主要指前一种（示教器）方式。

图 2-1-3　工业机器人在线示教

采用在线示教进行机器人作业任务编制具有以下共同特点：

1）利用机器人具有较高重复定位精度的优点，降低了系统误差对机器人运动绝对精度的影响，这也是目前机器人普遍采用该示教方式的主要原因。

2）要求操作者具有丰富的专业知识和熟练的操作技能，并需要现场近距离示教操作，因而具有一定的危险性。对工作在有毒粉尘或辐射等环境下的机器人，这种编程方式有害操作者的健康。

3）示教过程烦琐、费时，需要根据作业任务反复调整末端执行器的位姿，占用大量工作时间，时效性较差。

4）机器人在线示教的精度完全靠操作者的经验决定，对于复杂运动轨迹难以取得令人满意的示教效果。

5）出于安全考虑，机器人示教时要关闭与外围设备联系的功能。因此，对于需要根据外部信息进行实时决策的应用就显得无能为力。

6）在柔性制造系统中，这种编程方式无法与 CAD 数据库相连接，不利于工厂实现 CAD/CAM/Robotics 一体化。

基于上述特点，采用在线示教方式可完成应用于大批量生产、工作任务简单且不变化的机器人作业任务的编制。

2．在线示教的基本步骤

图 2-1-4 所示为机器人从工件 A 点到工件 B 点的运动轨迹，下面通过在线示教方式为机器人输入从工件 A 点到工件 B 点的加工程序来介绍在线示教的基本步骤。从图中可看出，机器人运动轨迹由编号 1~6 的 6 个程序点组成，每个程序点的用途说明见表 2-1-3。具体作业编程可参照如图 2-1-5 所示的流程开展。

图 2-1-4　机器人运动轨迹

表 2-1-3　程序点的用途说明

程序点	用途说明	程序点	用途说明	程序点	用途说明
程序点 1	机器人原点	程序点 3	作业开始点	程序点 5	作业规避点
程序点 2	作业临近点	程序点 4	作业结束点	程序点 6	机器人原点

图 2-1-5　机器人在线示教基本流程

（1）示教前准备　开始示教前，应做如下准备：

1）清理工件表面。使用钢刷或砂纸等工具将钢板表面的铁锈或油污等杂质清理干净。

2）工件装夹。利用夹具将钢板固定在机器人工作台上。

3）安全确认。确认操作者与机器人之间的安全距离。

4）机器人原点确认。通过机器人机械臂各关节处的标记或调用原点程序复位机器人。

（2）新建作业程序　作业程序是用机器人语言描述机器人工作单元的作业内容，主要用于输入示教数据和机器人命令。为测试、再现示教动作，通过示教器新建一个作业程序，例如"Test"。

（3）程序点输入　以图 2-1-4 所示的运动轨迹为例，给机器人输入一段直线焊缝的作业程序。处于待机位置的程序点 1 和程序点 6，要处于与工件、夹具等互不干扰的位置。另外，机器人末端工具由程序点 5 向程序点 6 移动时，也要处于与工件、夹具等互不干扰的位置。具体示教方法见表 2-1-4。

表 2-1-4　运动轨迹示教方法

程序点	示教方法
程序点 1 （机器人原点）	（1）按手动操纵机器人要领移动机器人到原点 （2）将程序点属性设定为"空走点"，插补方式选"PTP" （3）确认保存程序点 1 为机器人原点
程序点 2 （作业临近点）	（1）手动操纵机器人，将其移动到作业临近点 （2）将程序点属性设定为"空走点"，插补方式选"PTP" （3）确认保存程序点 2 为作业临近点
程序点 3 （作业开始点）	（1）手动操纵机器人，将其移动到作业开始点 （2）将程序点属性设定为"作业点/焊接点"，插补方式选"直线插补" （3）确认保存程序点 3 为作业开始点 （4）如有需要，手动插入焊接开始作业命令
程序点 4 （作业结束点）	（1）手动操纵机器人，将其移动到作业结束点 （2）将程序点属性设定为"作业点/焊接点"，插补方式选"直线插补" （3）确认保存程序点 4 为作业结束点 （4）如有需要，手动插入焊接结束作业命令
程序点 5 （作业规避点）	（1）手动操纵机器人，将其移动到作业规避点 （2）将程序点属性设定为"空走点"，插补方式选"直线插补" （3）确认保存程序点 5 为作业规避点
程序点 6 （机器人原点）	（1）手动操纵机器人，将其移动到原点 （2）将程序点属性设定为"空走点"，插补方式选"PTP" （3）确认保存程序点 6 为机器人原点

【提示】　对于程序点 6 的示教，在示教器显示屏的通用显示区（程序编程画面），利用便利的文件编辑功能（如剪切、复制、粘贴等）可快速复制程序点 1 位置。

（4）设定作业条件　本实例中焊接作业条件的输入，主要涉及以下 3 个方面：

1）在作业开始命令中设定焊接开始规范及焊接开始动作次序。

2）在焊接结束命令中设定焊接结束规范及焊接结束动作次序。

3）手动调节保护气体流量。在编辑模式下合理配置焊接工艺参数。

（5）检查试运行　在完成机器人运动轨迹和作业条件输入后，需试运行测试程序，以便检查各程序点及参数设置是否正确，这就是跟踪。跟踪的主要目的是检查示教生成的轨迹以及末端工具指向位置是否已记录。一般工业机器人可采用以下跟踪方式来确认示教轨迹与期望是否一致。

1）单步运转。通过逐行执行当前行（光标所在行）的程序，机器人实现两个临近程序点间的单步正向或反向移动。结束 1 行的执行后，机器人动作暂停。

2）连续运转。通过连续执行作业程序，从程序的当前行到末尾，机器人完成多个程序点的顺向连续移动。因程序是顺序执行，所以该方式仅能实现正向跟踪，多用于作业周期估计。

确认机器人附近无人后，按以下顺序执行作业程序的测试运转：

1）打开待测程序文件。

2）移动光标至期望跟踪程序点所在命令行。

3）持续按住示教器上的【跟踪功能键】，实现机器人的单步或连续运转。

【提示】　①当机器人 TCP 当前位置与光标所在行不一致时，按下【跟踪功能键】，机器人将从当前位置移动到光标所在程序点位置；而当机器人 TCP 当前位置与光标所在行一致时，机器人将从当前位置移动到下一临近示教点位置。

②执行检查运行时，不执行起弧或涂装等作业命令，只执行空走再现。

③利用跟踪操作可快速实现程序点的变更、增加和删除。

（6）再现施焊 示教操作生成的作业程序，经测试无误后，将【模式旋钮】对准"再现/自动"位置，通过运行示教过的程序即可完成对工件的再现作业。起动工业机器人程序有两种方法：

1）手动起动。使用示教器上的【起动按钮】来起动程序，适合于作业任务编程及其测试阶段。

2）自动起动。利用外部设备输入信号来起动程序，多用于实际生产中。

在确认机器人的运行范围内没有其他人员或障碍物后，接通保护气体，采用手动起动方式进行自动焊接作业。具体步骤如下：

1）打开要再现的作业程序，并移动光标到程序开头。

2）切换【模式旋钮】至"再现/自动"状态。

3）按下示教器上的【伺服 ON 按钮】，接通伺服电源。

4）按下【起动按钮】，机器人开始运行。

至此，机器人从工件 A 点到 B 点的简单作业示教与再现操作完毕。

【提示】 执行程序时，光标跟随再现过程移动，程序内容自动滚动显示。

通过上述基本操作不难看出，机器人在线示教方式存在占用时间长和效率低等诸多缺点，这与当今市场的柔性化发展趋势（多品种、小批量）背道而驰，已无法满足企业对高效且简单的作业示教的需求。正是在这种产品寿命周期缩短，生产任务更迭加快，任务复杂程度增加的背景下离线编程应运而生的。

任务实施

一、任务准备

实施本任务教学所使用的实训设备及工具材料见表 2-1-5。

表 2-1-5 实训设备及工具材料

序号	分类	名　称	型号规格	数量	单位	备　注
1	工具	内六角扳手	3.0mm	1	个	工具墙
2		内六角扳手	4.0mm	1	个	工具墙
3	设备器材	内六角螺钉	M4	4	颗	工具墙红色盒
4		内六角螺钉	M5	4	颗	工具墙红色盒
5		TCP 定位器		1	个	物料间领料
6		绘图笔夹具		1	个	物料间领料

二、TCP 单元安装

在 TCP 单元四个方向有用于安装固定的螺钉孔，把 TCP 模块放置到模块承载平台上，用 M4 内六角螺钉将其固定锁紧，保证模型紧固牢靠，整体布局与固定位置如图 2-1-6 所示。

三、绘图笔夹具安装

TCP 单元训练采用绘图笔夹具，该夹具在与机器人 J6 轴连接的法兰上有四个 M5 螺钉安装孔，把夹具调整到合适位置，然后用螺钉将

图 2-1-6 TCP 单元整体布局

其紧固到机器人 J6 轴上，如图 2-1-7 所示。

四、四点法设定 TCP

用四点法设定 TCP 的方法及步骤如下：

1）单击示教器功能菜单按钮 $\boxed{\equiv\vee}$，再单击工具坐标，进入工具设定界面，如图 2-1-8 所示。

图 2-1-7　绘图笔夹具的安装

图 2-1-8　工具设定界面

2）单击如图 2-1-9 所示的"新建按钮"，再单击按钮 $\boxed{\cdots}$ 设置工具名称为"huitubi_t"，然后单击"初始值"按钮，进入工具初始值参数设置界面，如图 2-1-10 所示。

图 2-1-9　新建工具名称界面

图 2-1-10　工具初始值参数设置界面

这里需要设定的参数有两个，一个是工具的重量"mass"值，单位为 kg，另一个是工具相对于 J6 轴法兰盘中心的重心偏移"cog"值，包括 X、Y、Z 三个方向的偏移值，单位为 mm。

3）单击如图 2-1-11 所示中的向下按钮 $\vee$，找到"mass"值，点击修改成工具重量值，这里修改为 1。找到"cog"值，要求 X、Y、Z 的三个数值不同时为零，这里将 X 偏移值修改为 10，再点击两次确定，回到工具设定界面，如图 2-1-12 所示。

4）选中"huitubi_t"工具，然后单击

图 2-1-11　工具重量"mass"值设定

"编辑"按钮，再单击"定义"按钮，进入工具定义界面，如图 2-1-13 所示。

图 2-1-12　工具重心偏移"cog"值设定

图 2-1-13　工具定义界面

5）采用默认的四点法建立绘图笔 TCP。单击如图 2-1-14 所示中的"点 1"，利用操纵杆运行机器人，使绘图笔的尖端与 TCP 定位器的尖端相碰，如图 2-1-15 所示。然后单击"修改位置"，完成机器人姿态 1 的记录。

图 2-1-14　"点 1"位置修改界面

图 2-1-15　机器人姿态 1 画面

6）单击如图 2-1-16 所示中的"点 2"，利用操纵杆改变机器人姿态，如图 2-1-17 所示。然后单击"修改位置"，完成姿态 2 的记录。

图 2-1-16　"点 2"位置修改界面

图 2-1-17　机器人姿态 2 画面

7）单击如图 2-1-18 所示中的"点 3"，利用操纵杆改变机器人姿态，如图 2-1-19 所示。然后单击"修改位置"，完成姿态 3 的记录。

8）单击如图 2-1-20 所示中的"点 4"，利用操纵杆改变机器人姿态，如图 2-1-21 所示。

图 2-1-18　"点 3"位置修改界面

图 2-1-19　机器人姿态 3 画面

然后单击"修改位置",完成姿态 4 的记录。

图 2-1-20　"点 4"位置修改界面

图 2-1-21　机器人姿态 4 画面

9）单击确定并保存修改好的四个点,完成绘图笔 TCP 的建立。

五、重定位测试工具中心点

重定位测试工具中心点的方法及步骤如下:

1）单击示教器功能菜单按钮 ≡∨ ,再单击工具坐标,进入工具设定界面,如图 2-1-22 所示。

2）选中如图 2-1-23 所示画面中的"huitubi_t"工具,单击确定。然后按下 🔄 按键,动作模式变为重定位,如图 2-1-24 所示。再按下示教器上的电动机使能键,操作操纵杆,可以看到绘图笔的尖端固定不动,机器人绕着尖端改变姿态,说明 TCP 建立成功。

图 2-1-22　工具设定界面

六、自动识别工具重量和重心

ABB 机器人提供了自动识别工具的重量和重心的功能,通过调用 LoadIdentity 程序即可实现。具体操作步骤如下:

1）安装绘图笔工具并新建"huitubi_t"工具后,在工具坐标中选中该工具,按下按键 🔄 ,使机器人进入单轴运动模式,利用操纵杆将机器人 6 个轴调整到接近 0°的位置,准备工

图 2-1-23　选择"huitubi_t"工具画面

图 2-1-24　重定位模式选择画面

作完成，如图 2-1-25 所示。

2）在主菜单页面，单击"程序编辑器"，进入主程序编辑界面，单击"调试"按钮，再单击调用例行程序，如图 2-1-26 所示。

图 2-1-25　单轴运动模式界面

图 2-1-26　主程序编辑界面

3）点击选中如图 2-1-27 所示中的"LoadIdentity"例行程序，单击"转到"按钮，打开该程序，如图 2-1-28 所示。

图 2-1-27　选定的例行程序界面

图 2-1-28　例行程序打开后界面

4）按下示教器上的电动机使能键，然后按下程序运行按键 ，使程序自动运行，然后按照英文提示依次单击"OK""Tool""OK""OK"。在载荷确认界面中，输入数字 2，单击"确定"，如图 2-1-29 所示。

5）单击"-90"或者"+90"，再单击"YES""MOVE"，示教器显示改变运行模块界面，如图 2-1-30 所示。此时，将机器人控制柜上的模式切换钥匙拨到自动状态 ，按下伺服电动机上电按钮 ，再按下程序运行按钮 ，使机器人自动运行，直至完成工具重量和重心的测量，再将机器人运行模式改回手动运行。单击"OK"，按下程序运行按钮 ▶ 程序，可以在示教器上看到工具重量数据和重心数据，单击"YES"，工具重量和重心值将自动更新。

图 2-1-29 载荷确认界面

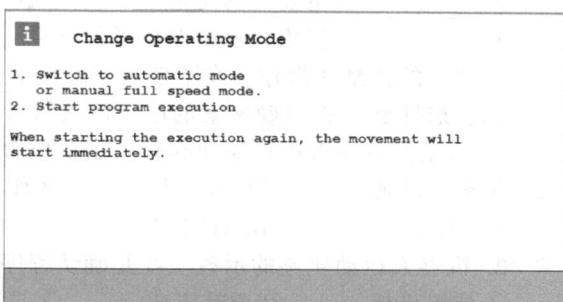

图 2-1-30 改变运行模块界面

任务测评

对任务实施的完成情况进行检查，并将结果填入表 2-1-6。

表 2-1-6 任务测评表

序号	主要内容	考核要求	评分标准	配分	扣分	得分
1	TCP 单元安装	正确安装 TCP 单元	1. TCP 单元安装不牢固，每处扣 5 分 2. 未能安装，扣 10 分	10		
2	绘图笔夹具安装	正确安装绘图笔夹具	1. 绘图笔夹具安装不牢固，每处扣 5 分 2. 未能安装，扣 10 分	10		
3	四点法设定 TCP	正确新建绘图笔 TCP	1. 未能使用四点法新建绘图笔 TCP，扣 30 分 2. 设定 TCP 有遗漏或错误，每处扣 10 分	30		
		正确调试绘图笔 TCP	1. 未能使用重定位功能实现绘图笔围绕 TCP 点改变姿态，扣 20 分 2. 调试绘图笔 TCP 方法有遗漏或错误，每处扣 10 分	20		
4	自动识别工具重量和重心	正确调用 LoadIdentity 程序，运行该程序识别工具重量和重心	1. 未能调用 LoadIdentity 程序，运行该程序识别工具重量和重心，扣 20 分 2. 自动识别工具重量和重心方法有遗漏或错误，每处扣 10 分	20		
5	安全文明生产	劳动保护用品穿戴整齐；遵守操作规程；讲文明礼貌；操作结束要清理现场	1. 操作中，违反安全文明生产考核要求的任何一项扣 5 分，扣完为止 2. 当发现学生有重大事故隐患时，要立即予以制止，并每次扣安全文明生产总分 5 分	10		
合计				100		
开始时间：			结束时间：			

巩固与提高

一、填空题（将正确答案填入括号内）

1. _____ 也称为导引，即由操作者直接或间接导引机器人，一步步按照实际作业要求告知机器人应该完成的动作和作业的具体内容，机器人在导引过程中将其以 _____ 的形式记忆下来，并存储在机器人控制装置内；_____则是通过存储内容的回放，使机器人在一定精度范围内按照程序展现所示教的动作并完成作业内容。

2. _____的主要目的是检查示教生成的动作以及末端工具指向位置是否已记录。

3. _____是利用计算机图形学的结果，在计算机中建立起机器人及其工作环境的模型，通过对图形的控制和操作，在不使用实际机器人的情况下示教，进而生成机器人程序。

二、选择题（将正确答案的序号填入括号内）

1. 对工业机器人进行作业编程，主要包含（　　）。

①运动轨迹　　　　②作业条件　　　　③作业顺序　　　　④插补方式

A. ①②　　　　　B. ①②③　　　　　C. ①③　　　　　D. ①②③④

2. 机器人运动轨迹的示教主要是确认程序点的属性，这些属性包括（　　）。

①位置坐标　　　　②插补方式　　　　③再现速度　　　　④作业点/空走点

A. ①②　　　　　B. ①②③　　　　　C. ①③　　　　　D. ①②③④

3. 与传统的在线示教编程相比，离线编程具有以下优点：（　　）

①减少机器人的非工作时间　②使编程者远离有害的工作环境　③便于修改机器人程序　④可结合人工智能等技术提高编程效率　⑤便于和 CAD/CAM 系统结合，做到 CAD/CAM/Robotics 一体化

A. ①②④⑤　　　B. ①②③　　　　C. ①③④⑤　　　D. ①②③④⑤

三、判断题（正确的打"√"，错误的打"×"）

（　　）1. 因技术尚未成熟，目前广泛应用的工业机器人绝大多数属于第一代机器人，其基本工作原理是示教——再现。

（　　）2. 机器人示教时，对于有规律的轨迹，原则上仅需示教几个关键点。

（　　）3. 采用直线插补示教的程序点指的是机器人从当前程序点移动到下一程序点运行轨迹为一段直线。

（　　）4. 离线编程是工业机器人目前普遍采用的编程方式。

（　　）5. 虽然示教再现方式存在占用机时且效率低下等诸多缺点，人们也试图通过采用传感器使机器人智能化，但在复杂的生产现场和作业可靠性等方面处处碰壁，难以实现。因此，工业机器人的作业示教在相当长时间内仍将无法脱离在线示教的现状。

四、综合应用题

操作机器人完成图 2-1-31 所示直线轨迹（A→B）的焊接作业，并回答以下问题：

（1）结合具体示教过程，填写表 2-1-7（请在相应选项下打"√"）。

（2）实际作业编程时，为提高效率，对程序点 1 和程序点 6 如何处理？简述操作过程。

图 2-1-31　焊接直线轨迹

表 2-1-7　直线轨迹作业示教

程序点	作业点/空走点		插补方式	
	作业点	空走点	PTP	直线插补
程序点 1				
程序点 2				
程序点 3				
程序点 4				
程序点 5				
程序点 6				

任务 2 工业机器人绘图单元编程与操作

学习目标

知识目标：1. 掌握运动控制程序的新建、编辑和加载方法。

2. 掌握工业机器人关节位置数据形式、意义及记录方法。

3. 掌握工业机器人绘图单元的程序编写。

能力目标：1. 能够新建、编辑和加载程序。

2. 能够完成绘图单元及绘图笔夹具的安装。

3. 能够完成绘图单元机器人程序编写。

工作任务

程序是为了使机器人完成某种任务而设置的动作顺序的描述。在示教操作中，产生的示教数据（如轨迹数据、作业条件以及作业顺序等）和机器人指令都将保存在程序中，当机器人自动运行时，将执行程序以再现所记忆的动作。常见编程方法有两种——示教编程方法和离线编程方法。

本任务采用示教编程方法，操作机器人实现模型运动轨迹的示教。

具体控制要求：

1. "实训模式"

确保各个信号线正确连接。当拍下控制面板上急停按钮 QS 后，机器人紧急停止并报警。在自动模式时可通过面板按钮 SB1 控制机器人电动机上电，通过按钮 SB2 控制机器人从主程序开始运行，通过按钮 SB3 可控制机器人停止，通过按钮 SB4 可控制机器人起动。指示灯 H1 显示机器人自动运行状态、指示灯 H2 显示电动机上电状态。

2. "演示模式"

采用可编程序控制器（PLC）对机器人状态信号进行控制。当机器人切换至自动模式时 HR 指示灯亮起，表示系统准备就绪，且处于停止状态。按下 SB1 系统起动按钮，HG 运行指示灯亮起，HR 指示灯灭掉。同时机器人上电运行，开始码垛工作。码垛工作结束后机器人回到工作原点位置并停止，且 HR 灯亮起表示系统停止。

相关知识

一、工业机器人轨迹训练模型工作站

工业机器人轨迹训练模型工作站是为了进行机器人轨迹数据示教编程而建立的，可通过焊枪夹具描绘图形，对机器人进行基本的点示教，平面直线、曲线运动/曲面直线、曲线运动的轨迹示教。还可以通过 TCP 辅助示教装置训练机器人建立工具坐标。

工作站主要由安全门防护系统、系统电气控制柜、机器人本体、机器人控制器、机器人操作对象承载台、轨迹训练模型、钳工台以及模块存放柜组成，如图 2-2-1 所示。

1. 工业机器人系统组成

本工作站所采用的是一款额定负载3kg，小型6自由度的IRB型工业机器人。它由机器人本体、控制器、示教器和连接电缆组成，如图2-2-2所示。

2. 轨迹训练模型

轨迹训练模型由优质铝材加工制造，表面经过阳极氧化处理，并蚀刻有不同图案（例如平行四边形、五角星、椭圆、风车或凹字形等），配备TCP示教辅助装置，如图2-2-3所示。

图 2-2-1　工业机器人轨迹训练模型工作站

3. 系统电气控制柜

系统电气控制柜主要负责"演示模式"和"实训模式"的切换。

示教器　　　控制器　　　连接电缆　　　机器人本体

图 2-2-2　工业机器人系统

当选择"演示模式"时，机器人及安全防护门、工作站检测/执行信号等，均由控制柜内可编程序控制器集成控制。

当选择"实训模式"时，所有信号均转接至电气控制柜面板上各信号对应安全插座上，可直接采用安全插线引出对应的信号。也可使用面板下方的按钮直接控制机器人动作并通过指示灯判断系统状态，如图2-2-4所示。

图 2-2-3　轨迹训练模型

YL-399工业机器人系统实训考核装备

图 2-2-4　电控柜面板

二、程序基本信息

程序基本信息包括程序名、程序注释、子类型、组标志、写保护、程序指令和程序结束标志，见表2-2-1。

表 2-2-1　程序基本信息及功能

序号	程序基本信息	功　　能
1	程序名	用以识别存入控制器内存中的程序，在同一目录下不能出现包含两个及以上拥有相同程序名的程序。程序名长度不超过8个字符，由字母、数字、下划线组成
2	程序注释	程序注释连同程序名是用来描述选择界面上显示的附加信息。其长度不超过16个字符，由字母、数字及符号（例如@、※等）组成。新建程序后可在程序选择之后修改程序注释
3	子类型	用于设置程序文件的类型。目前本系统只支持机器人程序这一类型
4	组标志	设置程序操作的动作组，必须在程序执行前设置。目前本系统只有一个操作组1(1, *, *, *, *)
5	写保护	指定程序可否被修改。若设置为"是"，则程序名、注释、子类型和组标志等不可修改；若设置为"否"，则程序信息可修改。当程序创建且操作确定后，可将此项设置为"是"来保护程序，防止他人或自己误修改
6	程序指令	包括运动指令、寄存器指令等示教中所涉及的所有指令
7	程序结束标志	程序结束标志(END)自动显示在程序最后一条指令的下一行。只要有新的指令添加到程序中，程序结束标志就会向下移动，所以程序结束标志总放在最后一行。当系统执行完最后一条程序指令后，执行程序结束标志时，就会自动返回到程序的第一行并终止

三、常用运动指令

1. 线性运动指令（MoveL）

线性运动指令也称直线运动指令。工具的TCP按照设定的姿态从起点匀速移动到目标位置点，如图2-2-5所示，TCP运动路径是三维空间中p10点到p20点的直线运动。直线运动的起始点是前一运动指令的示教点，结束点是当前指令的示教点。运动特点：运动路径可预见；在指定坐标系中实现插补运动。

p10（起点）　　　p20（终点）

图 2-2-5　直线运动指令示例图

（1）指令格式　MoveL[\Conc,]ToPoint, Speed[\V] [\T], Zone[\Z] [\Inpos], Tool[\Wobj] [\Corr];

指令格式说明：

1）[\Conc,]：协作运动开关。

2）ToPoint：目标点默认为*。

3）Speed：运行速度数据。

4）[\V]：特殊运行速度 mm/s。

5）[\T]：运行时间控制 s。

6）Zone：运行转角数据。

7）[\Z]：特殊运行转角 mm。

8）[\Inpos]：运行停止点数据。

9）Tool：工具中心点（TCP）。

10）[\Wobj]：工件坐标系。

11）[\Corr]：修正目标点开关。

例如：

MoveL p1,v2000,fine,grip1;

MoveL \Conc,p1,v2000,fine,grip1;

MoveL p1,v2000\V:=2200,z40\z:45,grip1;

MoveL p1,v2000,z40,grip1\Wobj:=wobjTable;

MoveL p1,v2000,fine\Inpos:=inpos50,grip1;

MoveL p1,v2000,z40,grip1\corr;

（2）应用　机器人以线性方式运动至目标点。因为当前点与目标点两点决定一条直线，机器人运动状态可控，运动路径保持唯一，且可能出现死点，所以常用于机器人在工作状态移动。

2. 关节运动指令（MoveJ）

当程序一般起始点使用 MoveJ 指令时，机器人将 TCP 沿最快速轨迹送到目标点。因为机器人的姿态会随意改变，所以 TCP 路径不可预测。机器人最快速运动轨迹通常不是最短轨迹，因而关节轴运动不是直线运动。运动指令示意图如图 2-2-6 所示。运动特点：运动的具体过程不可预见；六个轴同时起停。使用 MoveJ 指令可以使机器人的运动更加高效，更加柔和，但是因为关节轴运动轨迹不可预见，所以使用该指令时务必确认机器人与周边设备不会发生碰撞。

图 2-2-6　运动指令示意图

（1）指令格式　MoveJ[\Conc,]ToPoint,Speed[\V][\T],Zone[\Z][\Inpos],Tool[\Wobj];

指令格式说明：

1）[\Conc,]：协作运动开关。

2）ToPoint：目标点默认为 *。

3）Speed：运行速度数据。

4）[\V]：特殊运行速度 mm/s。

5）[\T]：运行时间控制 s。

6）Zone：运行转角数据。

7）[\Z]：特殊运行转角 mm。

8）[\Inpos]：运行停止点数据。

9）Tool：工具中心点（TCP）。

10）[\Wobj]：工件坐标系。

例如：

MoveJ p1,v2000,fine,grip1;

MoveJ\Conc,p1,v2000,fine,grip1;

MoveJ p1,v2000\V:=2200,z40\z:45,grip1;

MoveJ p1,v2000,z40,grip1\Wobj:=wobjTable;

MoveJ\Conc,p1,v2000,fine\Inpos:=inpos50,grip1;

（2）应用　机器人以最快捷的方式运动至目标点。因为机器人运动状态不完全可控，但运动路径保持唯一，所以常用于机器人在空间大范围移动。

（3）编程实例　根据图 2-2-7 所示的运动轨迹，编写其关节指令程序。

图 2-2-7 所示的运动轨迹的指令程序如下：

MoveL p1,v200,z10,tool1;

MoveL p2,v100,fine,tool1;

MoveJ p3,v500,fine,tool1;

3. 圆弧运动指令（MoveC）

圆弧运动指令也称为圆弧插补运动指令。三点确定唯一圆弧，因此，使机器人完成圆弧运动需要示教三个圆弧运动点，起始点 p1 是上一条运动指令的末端点，p2 是中间辅助点，p3 是圆弧终点，如图 2-2-8 所示。

图 2-2-7　运动轨迹

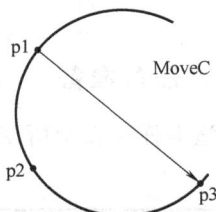

图 2-2-8　圆弧运动轨迹

（1）指令格式　MoveC［\Conc,］CirPoint,ToPoint,Speed［\V］［\T］,Zone［\Z］［\Inpos］,Tool［\Wobj］［\Corr］;

指令格式说明：

1）［\Conc,］：协作运动开关。

2）CirPoint：中间点默认为∗。

3）ToPoint：目标点默认为∗。

4）Speed：运行速度数据。

5）［\V］：特殊运行速度 mm/s。

6）［\T］：运行时间控制 s。

7）Zone：运行转角数据。

8）［\Z］：特殊运行转角 mm。

9）［\Inpos］：运行停止点数据。

10）Tool：工具中心点（TCP）。

11）［\Wobj］：工件坐标系。

12）［\Corr］：修正目标点开关。

例如：

MoveC p1,p2,v2000,fine,grip1;

MoveC \Conc, p1,p2,v200, \V:=500,z1\zz:=5,grip1;

MoveC p1,p2,v2000,z40,grip1\Wobj:=wobjTable;

MoveC p1,p2,v2000,fine\Inpos:=50, grip1;

MoveC p1,p2,v2000, fine,grip1\corr;

（2）应用　机器人通过中心点以圆弧移动方式运动至目标点。因为当前点、中间点与目标点三点决定一段圆弧，机器人运动状态可控，运动路径保持唯一，所以常用于机器人在工作状态移动。

（3）限制　不可能只通过一个MoveC 指令完成一个圆，如图 2-2-9 所示。

MoveL p1,v500,fine,tool1

MoveC p2,p3,v500,z20,tool1

MoveC p4,p1,v500,fine,tool1

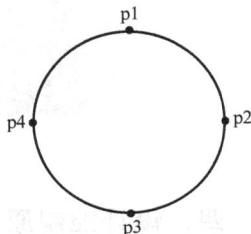

图 2-2-9　MoveC 指令的限制

4. Offs：偏移功能

以选定的目标点为基准，沿着选定

工件坐标系的 X、Y、Z 轴方向偏移一定的距离。

例如：MoveL Offs（p10，0，0，10），v1000，z50，tool0 \ Wobj：=wobj1；

是将机器人 TCP 移动至以 p10 为基准点，沿着 wobj1 的 Z 轴正方向偏移 10mm 的位置。

🔍 任务实施

一、任务准备

实施本任务教学所使用的实训设备及工具材料见表 2-2-2。

表 2-2-2　实训设备及工具材料

序号	分类	名　　称	型　号　规　格	数量	单位	备　　注
1	工具	内六角扳手	5.0mm	1	个	钳工桌
2		内六角扳手	6.0mm	1	个	钳工桌
3	设备器材	内六角螺钉	M5	10	颗	模块存放柜
4		轨迹模块		1	个	模块存放柜
5		焊枪夹具	包含末端连接法兰盘	1	套	模块存放柜

二、绘图单元安装

在轨迹训练模型四个角有用于安装固定螺钉孔，把模型安装到机器人操作对象承载平台上任意合理位置，用 M5 内六角螺钉将其固定锁紧，保证模型紧固牢靠，整体布局如图 2-2-10 所示。

图 2-2-10　轨迹训练模型整体布局

三、焊枪夹具安装

本套件训练采用焊枪夹具，包含机器人末端连接法兰和焊枪夹具两部分。

首先采用 4 颗 M5 不锈钢内六角螺钉把机器人末端连接法兰安装到机器人 J6 轴的法兰盘上面，再采用 2 颗 M5 不锈钢内六角螺钉把焊枪夹具安装到机器人末端连接法兰上，如图 2-2-11 所示。

图 2-2-11　焊枪夹具的安装

四、设计控制原理图

根据控制要求，设计控制原理框图如图 2-2-12 所示。

图 2-2-12　控制原理框图

五、设计两种模式下机器人 I/O 分配表

1. 演示模式下机器人 I/O 分配表

PLC 控制柜的配线已经完成。PLC 输入信号 X26~X37 对应机器人输出信号 DO1~DO10，PLC 输出信号 Y26~Y37 对应机器人输入信号 DI1~DI10。根据工作站任务要求对机器人 I/O 信号 System Input、System Output 进行配置，见表 2-2-3。

表 2-2-3　演示模式下的机器人 I/O 分配表

PLC 输出信号		机器人输入信号		
PLC 地址	PLC 符号	信号（Signal）	系统输入（System Input）	类型（Argument）
Y26	电动机上电	DI1	MotorOn	
Y27	机器人从主程序首条起动	DI2	StartMain	CYCLE
Y30	机器人停止	DI3	Stop	
Y31	机器人起动	DI4	Start	CYCLE
Y32	机器人急停复位	DI5	ResetEStop	
Y06	机器人外部停止	机器人控制器外部急停信号		
Y05	HG（面板）运行指示灯			
Y04	HR（面板）停止指示灯			

PLC 输入信号		机器人输出信号	
PLC 地址	PLC 符号	信号（Signal）	系统输出（System Output）
X26	机器电动机已上电	DO1	MotorOnState
X27	自动运行状态	DO2	AutoOn
X30	机器人工作完成	DO3	
X31	机器人紧急停止输入	DO4	EStop
X01	（面板）起动按钮 SB1		
X02	（面板）复位按钮 SB2		
X03	（面板）暂停按钮 SB3		
X04	（面板）急停按钮 QS1		

2. 实训模式下机器人 I/O 分配表

所有信号均分布在面板上，根据工作站任务要求进行配置，见表 2-2-4。

表 2-2-4　实训模式下机器人 I/O 分配表

面板按钮	信号（Signal）	系统输入（System Input）	类型（Argument）
SB1	DI1	MotorOn	
SB2	DI2	StartMain	CYCLE
SB3	DI3	Stop	
SB4	DI4	Start	CYCLE

（续）

面板指示灯	信号（Signal）	系统输出（System Output）
H1	DO1	AutoOn
H2	DO2	MotorOn

六、线路安装

1."演示模式"下接线

"演示模式"下 PLC 控制柜内配线已完成，不需要另外接。

2."实训模式"下接线

根据表 2-2-3 所示，使用安全连线把机器人输入信号 DI1~DI4，接到对应面板上的 SB1~SB4 按钮，按钮公共端接 0V；机器人的输出信号 DO1 和 DO2 接入面板指示灯 H1 和 H2 中，指示灯公共端接 24V。接线工艺要求如下：

1）所有安全连线用扎带固定，控制面板布线合理，布局美观。

2）安全连线插线牢靠无松动。

七、PLC 程序设计

PLC 的控制要求如下：

1）机器人处于自动模式且无报警状态时，HR 指示灯点亮，表示系统就绪且处于停止状态。

2）按下按钮 SB1，系统起动，机器人开始动作，同时 HG 面板运行指示灯亮起，表示系统处于运行状态。

3）按下按钮 SB3，系统暂停，机器人动作停止。再次按下起动按钮 SB1 时机器人按照上次停止前的动作继续运行。

4）按下按钮 QS1 系统紧急停止，机器人报警。按下复位按钮 SB2 后，解除机器人急停报警状态。

参照表 2-2-3，设计 PLC 梯形图（机器人起动部分）如图 2-2-13 所示。

图 2-2-13　PLC 梯形图程序（机器人起动部分）

八、绘制机器人运行轨迹

根据训练模型图案（见图 2-2-14），规划并绘制出机器人运行轨迹，如图 2-2-15a~f 所示。

图 2-2-14　轨迹训练模型图案

九、确定机器人运动所需示教点

根据机器人的运行轨迹可确定其运动所需示教点，见表 2-2-5。

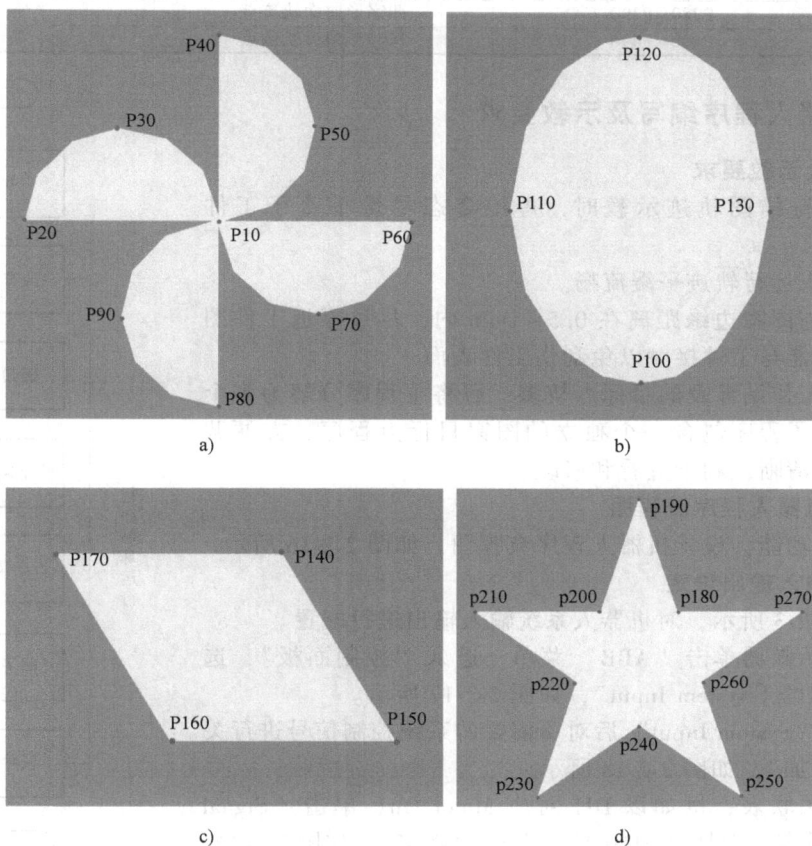

a)

b)

c)

d)

图 2-2-15　机器人运行轨迹

e)

f)

图 2-2-15 机器人运行轨迹（续）

表 2-2-5 机器人运动轨迹示教点

序号	点序号	注释	备注
1	Home	机器人初始位置	程序中定义
2	P10~P90	风车形轨迹点	需示教
3	P100~P130	椭圆形轨迹点	需示教
4	P140~P170	平行四边形轨迹点	需示教
5	P180~P270	五角星形轨迹点	需示教
6	P280~P390	凹字形曲面轨迹点	需示教
7	P400~P490	枫叶形曲面轨迹点	需示教

十、机器人程序编写及示教要求

1. 机器人示教要求

1）在进行描图轨迹示教时，焊枪姿态尽量垂直于工件表面。

2）机器人运行轨迹平缓流畅。

3）焊丝与图案边缘距离在 0.5~1mm 内，尽量靠近工件图案边缘，且不能与工件接触以免刮伤工件表面。

4）因该工作站涉及的目标点较多，可将主程序分解为多个子程序，每个子程序包含一个独立的图案目标点程序，方便调用。程序结构清晰，利于查看和修改。

2. 设计机器人程序流程图

根据控制功能，设计机器人程序流程图，如图 2-2-16 所示。

3. 系统输入输出设定

根据表 2-2-3 所示，对机器人系统输入输出进行配置。

1）进入示教器单击"ABB"菜单，进入"控制面板"，选择"配置"中的"System Input"，如图 2-2-17 所示。

2）进入"System Input"后对所需要的系统控制信号进行关联，单击"添加"，如图 2-2-18 所示。

3）按照关联表，例如以 DI1 对应 Motor On，单击"Signal Name"进行设定，选择"DI10-1"，单击"确定"，如图 2-2-19、图 2-2-20 所示。

图 2-2-16 机器人程序流程图

图 2-2-17 配置 System Input

图 2-2-18 关联控制信号

图 2-2-19 参数选择

图 2-2-20 参数值更改

4）单击"Action"，选中"Motors On"，单击"确定"，如图 2-2-21 所示；会出现如图 2-2-22 所示画面，然后再单击"确定"，示教器上会弹出是否重启控制器，此时先单击"否"，

图 2-2-21 参数值更改

图 2-2-22 参数选择确认

等系统输入和系统输出全部完成关联后再单击"是"重启控制器，如图 2-2-23 所示。

图 2-2-23 控制器重启确认

5）输出的设定与输入设定方法一样，分别关联各输出信号；待所有信号完成关联后，重启控制器，完成设定。

4. 机器人程序设计

根据机器人程序流程图和轨迹图设计机器人程序如下：

MODULE Module1

CONST robtarget p10：=［［459.844145105，-140.640477846，85.153666703］，［0，0，0.995004165，0.099833417］，［-1，0，-1，0］，［9E9，9E9，9E9，9E9，9E9，9E9］］；

! 定义目标点 P10,以下同上论述

CONST robtarget p20：=［［459.844145105，-108.306071428，86.366775642］，［0，0，0.995004165，0.099833417］，［-1，0，-1，0］，［9E9，9E9，9E9，9E9，9E9，9E9］］；

CONST robtarget p30：=［［459.844145105，-77.276991355，77.191719154］，［0，0，0.995004165，0.099833417］，［-1，0，-1，0］，［9E9，9E9，9E9，9E9，9E9，9E9］］；

CONST robtarget p40：=［［479.844145105，-77.276991355，77.191719154］，［0，0，0.995004165，0.099833417］，［-1，0，-1，0］，［9E9，9E9，9E9，9E9，9E9，9E9］］；

CONST robtarget p50：=［［479.844145105，-98.462908553，84.626419626］，［0，0，0.995004165，0.099833417］，［-1，0，-1，0］，［9E9，9E9，9E9，9E9，9E9，9E9］］；

CONST robtarget p60：=［［479.844145105，-120.773544766，87.147008919］，［0，0，0.995004165，0.099833417］，［-1，0，-1，0］，［9E9，9E9，9E9，9E9，9E9，9E9］］；

CONST robtarget p70：=［［519.844145105，-120.773544766，87.147008919］，［0，0，0.995004165，0.099833417］，［-1，0，-1，0］，［9E9，9E9，9E9，9E9，9E9，9E9］］；

CONST robtarget p80：=［［519.844145105，-98.462908553，84.626419626］，［0，0，0.995004165，0.099833417］，［-1，0，-1，0］，［9E9，9E9，9E9，9E9，9E9，9E9］］；

CONST robtarget p90：=［［519.844145105，-77.276991355，77.191719154］，［0，0，0.995004165，0.099833417］，［-1，0，-1，0］，［9E9，9E9，9E9，9E9，9E9，9E9］］；

CONST robtarget p100：=［［539.844145105，-77.276991355，77.191719154］，［0，0，0.995004165，0.099833417］，［-1，0，-1，0］，［9E9，9E9，9E9，9E9，9E9，9E9］］；

CONST robtarget p110：=［［539.844145105，-108.306071428，86.366775642］，［0，0，0.995004165，0.099833417］，［-1，0，-1，0］，［9E9，9E9，9E9，9E9，9E9，9E9］］；

CONST robtarget p120：= [[539. 844145105, − 140. 640477846, 85. 153666703], [0, 0, 0. 995004165,0. 099833417],[−1,0,−1,0],[9E9,9E9,9E9,9E9,9E9,9E9]];

CONST robtarget p130：= [[459. 844145105, − 140. 640477846, 85. 153666703], [0, 0, 0. 995004165,0. 099833417],[−1,0,−1,0],[9E9,9E9,9E9,9E9,9E9,9E9]];

CONST robtarget p140：= [[639. 844145105, − 145. 513940692, 84. 03825109], [0, 0, 0. 992197667,0. 124674733],[−1,0,−1,0],[9E9,9E9,9E9,9E9,9E9,9E9]];

CONST robtarget p150：= [[601. 837573445, − 145. 388562101, 84. 070179119], [0, 0, 0. 992197667,0. 124674733],[−1,0,−1,0],[9E9,9E9,9E9,9E9,9E9,9E9]];

CONST robtarget p160：= [[580. 095432965, − 135. 468894681, 86. 061349087], [0, 0, 0. 992197667,0. 124674733],[−1,0,−1,0],[9E9,9E9,9E9,9E9,9E9,9E9]];

CONST robtarget p170：= [[569. 867286099, − 112. 066098131, 86. 767189463], [0, 0, 0. 992197667,0. 124674733],[−1,0,−1,0],[9E9,9E9,9E9,9E9,9E9,9E9]];

CONST robtarget p180：= [[569. 844145105, − 93. 618851071, 83. 389528682], [0, 0, 0. 992197667,0. 124674733],[−1,0,−1,0],[9E9,9E9,9E9,9E9,9E9,9E9]];

CONST robtarget p190：= [[569. 844145105, − 77. 276991355, 77. 191719154], [0, 0, 0. 992197667,0. 124674733],[−1,0,−1,0],[9E9,9E9,9E9,9E9,9E9,9E9]];

CONST robtarget p200：= [[607. 850716766, − 77. 393527601, 77. 247919629], [0, 0, 0. 992197667,0. 124674733],[−1,0,−1,0],[9E9,9E9,9E9,9E9,9E9,9E9]];

CONST robtarget p210：= [[629. 592857245, − 86. 719877699, 81. 170132454], [0, 0, 0. 992197667,0. 124674733],[−1,0,−1,0],[9E9,9E9,9E9,9E9,9E9,9E9]];

CONST robtarget p220：= [[639. 821004111, − 109. 515947586, 86. 511320944], [0, 0, 0. 992197667,0. 124674733],[−1,0,−1,0],[9E9,9E9,9E9,9E9,9E9,9E9]];

CONST robtarget p230：= [[639. 844145105, − 128. 266515494, 86. 86589073], [0, 0, 0. 992197667,0. 124674733],[−1,0,−1,0],[9E9,9E9,9E9,9E9,9E9,9E9]];

CONST robtarget p240：= [[639. 844145105, − 145. 513940692, 84. 03825109], [0, 0, 0. 992197667,0. 124674733],[−1,0,−1,0],[9E9,9E9,9E9,9E9,9E9,9E9]];

CONST robtarget p250：=[[472. 844145105,29. 226455234,57. 147008919],[0,0,1,0],[0,−1,0,0],[9E9,9E9,9E9,9E9,9E9,9E9]];

CONST robtarget p260：=[[472. 844145105,−20. 773544766,57. 147008919],[0,0,1,0],[−1,0,−1,0],[9E9,9E9,9E9,9E9,9E9,9E9]];

CONST robtarget p270：=[[516. 145415295,4. 226455234,57. 147008919],[0,0,1,0],[0,−1,0,0],[9E9,9E9,9E9,9E9,9E9,9E9]];

CONST robtarget p280：=[[516. 145415295,54. 226455234,57. 147008919],[0,0,1,0],[0,−1,0,0],[9E9,9E9,9E9,9E9,9E9,9E9]];

CONST robtarget p290：=[[472. 844145105,29. 226455234,57. 147008919],[0,0,1,0],[0,−1,0,0],[9E9,9E9,9E9,9E9,9E9,9E9]];

CONST robtarget p300：=[[584. 565504655,11. 103052993,57. 147008919],[0,0,1,0],[0,−1,0,0],[9E9,9E9,9E9,9E9,9E9,9E9]];

CONST robtarget p310：=[[584. 565504655,−24. 819185133,57. 147008919],[0,0,1,0],[−1,0,−1,0],[9E9,9E9,9E9,9E9,9E9,9E9]];

CONST robtarget p320：=[[605. 680066455,4. 242515987,57. 147008919],[0,0,1,0],[0,−1,0,0],[9E9,9E9,9E9,9E9,9E9,9E9]];

CONST robtarget p330：=[[639. 844145105,−6. 85806607,57. 147008919],[0,0,1,0],[−1,

0,-1,0],[9E9,9E9,9E9,9E9,9E9,9E9]];

CONST robtarget p340:=[[618.729583305,22.20363505,57.147008919],[0,0,1,0],[0,-1,0,0],[9E9,9E9,9E9,9E9,9E9,9E9]];

CONST robtarget p350:=[[639.844145105,51.26533617,57.147008919],[0,0,1,0],[0,-1,0,0],[9E9,9E9,9E9,9E9,9E9,9E9]];

CONST robtarget p360:=[[605.680066455,40.164754113,57.147008919],[0,0,1,0],[0,-1,0,0],[9E9,9E9,9E9,9E9,9E9,9E9]];

CONST robtarget p370:=[[584.565504655,69.226455234,57.147008919],[0,0,1,0],[0,-1,0,0],[9E9,9E9,9E9,9E9,9E9,9E9]];

CONST robtarget p380:=[[584.565504655,33.304217107,57.147008919],[0,0,1,0],[0,-1,0,0],[9E9,9E9,9E9,9E9,9E9,9E9]];

CONST robtarget p390:=[[550.401426005,22.20363505,57.147008919],[0,0,1,0],[0,-1,0,0],[9E9,9E9,9E9,9E9,9E9,9E9]];

CONST robtarget p400:=[[584.565504655,11.103052993,57.147008919],[0,0,1,0],[0,-1,0,0],[9E9,9E9,9E9,9E9,9E9,9E9]];

CONST robtarget p410:=[[449.844145105,119.226455234,57.147008919],[0,0,1,0],[0,-1,0,0],[9E9,9E9,9E9,9E9,9E9,9E9]];

CONST robtarget p420:=[[493.344145105,119.226455234,57.147008919],[0,0,1,0],[0,-1,0,0],[9E9,9E9,9E9,9E9,9E9,9E9]];

CONST robtarget p430:=[[472.356648579,95.976455234,57.147008919],[0,0,1,0],[0,-1,0,0],[9E9,9E9,9E9,9E9,9E9,9E9]];

CONST robtarget p440:=[[494.844145105,74.226455234,57.147008919],[0,0,1,0],[0,-1,0,0],[9E9,9E9,9E9,9E9,9E9,9E9]];

CONST robtarget p450:=[[494.844145105,117.726455234,57.147008919],[0,0,1,0],[0,-1,0,0],[9E9,9E9,9E9,9E9,9E9,9E9]];

CONST robtarget p460:=[[518.094145105,96.738958708,57.147008919],[0,0,1,0],[0,-1,0,0],[9E9,9E9,9E9,9E9,9E9,9E9]];

CONST robtarget p470:=[[539.844145105,119.226455234,57.147008919],[0,0,1,0],[0,-1,0,0],[9E9,9E9,9E9,9E9,9E9,9E9]];

CONST robtarget p480:=[[496.344145105,119.226455234,57.147008919],[0,0,1,0],[0,-1,0,0],[9E9,9E9,9E9,9E9,9E9,9E9]];

CONST robtarget p490:=[[517.331641631,142.476455234,57.147008919],[0,0,1,0],[0,-1,0,0],[9E9,9E9,9E9,9E9,9E9,9E9]];

CONST jointtarget Phome:=[[6.83189,-3.54638,48.7725,-10.1528,17.9824,15.7478],[9E+09,9E+09,9E+09,9E+09,9E+09,9E+09]];

! 定义机器人工作原位 pHome

PROC main()

! 主程序

rIntiAll;

! 调用初始化程序,用于复位机器人位置、信号和数据等

WHILETRUEDO

! 利用 WHILE TRUE DO 死循环,目的是将初始化程序与机器人反复运动程序隔离

Path_20;

! 走风车形轨迹
  Path_30；
! 走椭圆形轨迹
  Path_40；
! 走平行四边形槽轨迹
  Path_50；
! 走五角星形槽轨迹
  Path_60；
! 走凹字形槽轨迹
  Path_70；
! 走枫叶形槽轨迹
  WaitTime 10；
! 等待 10s
ENDWHILE
  ENDPROC

  PROC rIntiAll( )
MoveAbsJ Phome\NoEOffs，v50，fine，tool0；
  ENDPROC

PROC Path_20( )
! 风车形轨迹程序
  MoveJ offs(p10,0,0,50)，v400，fine，tWeldGun\WObj：=wobj0；
! 利用关节指令运行至第 1 个位置点正上方
  MoveL p10，v500，fine，tWeldGun\WObj：=wobj0；
! 机器人直线运动到第 1 个位置点
  MoveL p20，v500，fine，tWeldGun\WObj：=wobj0；
! 机器人直线运动到第 2 个位置点
  MoveC p30，p10，v500，fine，tWeldGun\WObj：=wobj0；
! 利用圆弧指令操作焊枪走 U 形槽的圆弧曲面
  MoveL p40，v500，fine，tWeldGun\WObj：=wobj0；
! 利用直线运动指令操作焊枪走 U 形槽的底部直边
  MoveC p50，p_10，v500，tWeldGun\WObj：=wobj0；
! 利用圆弧指令操作焊枪走 U 形槽的圆弧曲面，下同
  MoveL p60，v50，fine，tWeldGun\WObj：=wobj0；
  MoveC p70，p10，v50，tWeldGun\WObj：=wobj0；
  MoveL p80，v50，fine，tWeldGun\WObj：=wobj0；
  MoveC p90，p10，v50，fine，tWeldGun\WObj：=wobj0；
  MoveL offs(p10,0,0,50)，v50，fine，tWeldGun\WObj：=wobj0；
ENDPROC

PROC Path_30( )
! 椭圆形槽轨迹程序

MoveJ offs(p100,0,0,50),v400,fine,tWeldGun\WObj:=wobj0;
! 利用关节移动指令运行至圆槽第 1 个位置点正上方
MoveL p100,v500,fine,tWeldGun\WObj:=wobj0;
! 利用直线运动指令操作焊枪走半圆槽的顶部直边
MoveC p110,p120,v500,fine,tWeldGun\WObj:=wobj0;
! 利用圆弧指令操作焊枪走圆槽左部圆弧曲面。
MoveC p130,p100,v500,fine,tWeldGun\WObj:=wobj0;
! 利用圆弧指令操作焊枪走圆槽右部圆弧曲面。
MoveL offs(p100,0,0,50),v500,fine,tWeldGun\WObj:=wobj0;
ENDPROC

PROC Path_40( )
! 平行四边形槽轨迹程序
MoveL offs(p140,0,0,50),v400,fine,tWeldGun\WObj:=wobj0;
! 利用直线运行指令运行至四边形槽第 1 个位置点正上方
MoveL p150,v500,fine,tWeldGun\WObj:=wobj0;
! 利用直线运行指令运行至四边形槽第 1 个位置点,下同
MoveL p160,v500,fine,tWeldGun\WObj:=wobj0;
MoveL p170,v500,fine,tWeldGun\WObj:=wobj0;
MoveL p140,v50,fine,tWeldGun\WObj:=wobj0;
MoveL offs(p140,0,0,50),v50,fine,tWeldGun\WObj:=wobj0;
ENDPROC

PROC Path_50( )
! 走五角星形槽轨迹
MoveL offs(p180,0,0,50),v400,fine,tWeldGun\WObj:=wobj0;
! 利用直线运行指令运行至五角形槽第 1 个位置点正上方
MoveL p180,v500,fine,tWeldGun\WObj:=wobj0;
! 利用直线运行指令运行至五角形槽第 1 个位置点,下同
MoveL p190,v500,fine,tWeldGun\WObj:=wobj0;
MoveL p200,v500,fine,tWeldGun\WObj:=wobj0;
MoveL p210,v500,fine,tWeldGun\WObj:=wobj0;
MoveL p220,v500,fine,tWeldGun\WObj:=wobj0;
MoveL p230,v500,fine,tWeldGun\WObj:=wobj0;
MoveL p240,v500,fine,tWeldGun\WObj:=wobj0;
MoveL p250,v500,fine,tWeldGun\WObj:=wobj0;
MoveL p260,v500,fine,tWeldGun\WObj:=wobj0;
MoveL p270,v500,fine,tWeldGun\WObj:=wobj0;
MoveL p180,v500,fine,tWeldGun\WObj:=wobj0;
MoveL offs(p180,0,0,50),v500,fine,tWeldGun\WObj:=wobj0;
ENDPROC

```
PROC Path_60( )
! 走凹字形曲面轨迹
        MoveJ offs(P280,0,0,50),v400,fine,tWeldGun\WObj：=wobj0；
! 利用直线运行指令运行至凹字第 1 个位置点正上方
MoveL offs(P280,0,0,50),v400,fine,tWeldGun\WObj：=wobj0；
! 利用直线运行指令运行至凹字第 1 个位置点
        MoveC p290,p300,v500,fine,tWeldGun\WObj：=wobj0；
! 利用圆弧指令沿着凹字形上部分(曲面)移动
        MoveL p310,v500,fine,tWeldGun\WObj：=wobj0；
! 利用直线运行指令运行至 P310 点位置
        MoveC p320,p330,v500,fine,tWeldGun\WObj：=wobj0；
! 利用圆弧指令沿着至凹字形下部分(曲面)移动
        MoveL P340,v500,fine,tWeldGun\WObj：=wobj0；
        MoveC P350,P360,v500,fine,tWeldGun\WObj：=wobj0；
        MoveL P370,v500,fine,tWeldGun\WObj：=wobj0；
MoveC P380,P390,v500,fine,tWeldGun\WObj：=wobj0；
MoveL P280,v500,fine,tWeldGun\WObj：=wobj0；
        MoveL offs(P280,0,0,50),v50,fine,tWeldGun\WObj：=wobj0；
ENDPROC


PROC Path_70( )
! 枫叶形曲面轨迹程序
        MoveJ offs(P400,0,0,50),v400,fine,tWeldGun\WObj：=wobj0；
! 利用关节移动指令运行至第 1 个位置点正上方
        MoveL P400,v500,fine,tWeldGun\WObj：=wobj0；
! 利用直线运行指令运行至圆形槽第 1 个位置点
        MoveC P410,P420,v500,fine,tWeldGun\WObj：=wobj0；
! 利用圆弧运行指令走部分圆弧轨迹,下同
        MoveC P430,P440,v500,fine,tWeldGun\WObj：=wobj0；
   MoveL P450,v500,fine,tWeldGun\WObj：=wobj0；
        MoveC P460,P470,v500,fine,tWeldGun\WObj：=wobj0；
        MoveC P480,P490,v500,fine,tWeldGun\WObj：=wobj0；
   MoveL P400,v500,fine,tWeldGun\WObj：=wobj0；
        MoveL offs(P400,0,0,50),v500,fine,tWeldGun\WObj：=wobj0；
MoveAbsJ Phome\NoEOffs, v50, fine, tool0；
ENDPROC
ENDMODULE
```

5. 程序数据修改

1) 机器人程序位置点修改。手动操纵机器人到待修改位置点，进入"程序数据"中的"robtarget"（机器人位置点数据修改）数据，选择所要修改的点，单击"编辑"中的"修改位置"完成修改，如图 2-2-24 所示。

2) 同理，依次完成其他位置点的修改。

图 2-2-24　机器人程序位置点修改

任务测评

对任务实施的完成情况进行检查，并将结果填入表 2-2-6 内。

表 2-2-6　任务测评表

序号	主要内容	考核要求	评分标准	配分	扣分	得分
1	机械安装	夹具与模块固定牢靠，螺钉没有缺失	1. 夹具与模块安装位置不合适，扣 5 分 2. 夹具或模块松动，扣 5 分 3. 损坏夹具或模块，扣 10 分	20		
2	机器人程序设计与示教操作	I/O 配置完整，程序设计正确，机器人示教正确	1. 操作机器人动作不规范，扣 5 分 2. 未能操作完成图形描绘，每个图形扣 10 分 3. 无法进行手动调试，扣 10 分 4. 无法操作示教器自动运行，扣 15 分 5. 机器人程序编写错误，每个扣 5 分 6. 无法完成机器人示教，扣 40 分	70		
3	安全文明生产	劳动保护用品穿戴整齐；遵守操作规程；讲文明礼貌；操作结束要清理现场	1. 操作中，违反安全文明生产考核要求的任何一项扣 5 分，扣完为止 2. 当发现学生有重大事故隐患时，要立即予以制止，并每次扣安全文明生产总分 5 分	10		
合 计				100		
开始时间：			结束时间：			

模块三

工业机器人基础应用

任务1　搬运机器人及其操作应用

学习目标

知识目标：1. 了解搬运机器人的分类及特点。
　　　　　2. 掌握搬运机器人的系统组成及功能。
　　　　　3. 熟悉搬运机器人作业示教的基本流程。
　　　　　4. 熟悉搬运机器人周边设备与布局。
能力目标：1. 能够识别搬运机器人工作站基本构成。
　　　　　2. 能够进行搬运机器人的简单作业示教。

工作任务

搬运机器人是搬运作业方式经历人工搬运和机械手搬运两个阶段后出现的自动化搬运作业设备，不仅可以提高产品的质量与产量，而且能够保障人身安全，改善劳动环境，减轻劳动强度，提高生产效率，节约原材料消耗以及降低生产成本。机器人搬运物料将变成自动化生产制造的必备环节，搬运行业也将因搬运机器人的出现而开启"新纪元"。

本任务的内容是：通过学习，掌握搬运机器人的特点、基本系统组成、周边设备、作业程序，以及搬运机器人作业示教的基本要领和注意事项。

相关知识

一、搬运机器人分类及特点

搬运机器人作为先进自动化设备，具有通用性强和工作稳定的优点，并且操作简便，功能丰富，逐渐向第三代智能机器人发展。本任务只针对目前国内应用广泛的第一类搬运机器人（示教—再现型）进行介绍，其主要优点如下：

1）动作稳定，提高搬运准确性。

2）提高生产效率，避免工人繁重体力劳动，实现"无人"或"少人"生产。

3）改善工人劳动条件，摆脱有毒害环境。

4）柔性高、适应性强，可进行多形状、不规则物料搬运。

5）定位准确，保证批量生产一致性。

6）降低制造成本，提高生产效益。

搬运机器人的基本结构形式和其他类型机器人相似，只是在实际制造当中逐渐演变出多种机型，以适应不同场合。从结构形式上看，搬运机器人可分为龙门式搬运机器人、悬臂式搬运机器人、侧臂式搬运机器人、摆臂式搬运机器人和关节式搬运机器人，如图 3-1-1 所示。

a) 龙门式搬运机器人

b) 悬臂式搬运机器人

c) 侧臂式搬运机器人

d) 摆臂式搬运机器人

e) 关节式搬运机器人

图 3-1-1　搬运机器人分类

1. 龙门式搬运机器人

龙门式搬运机器人（见图 3-1-2）坐标系一般由 X 轴、Y 轴和 Z 轴组成，多采用模块化结构，可依据负载位置和大小等选择对应直线运动单元及组合结构形式（在移动轴上添加旋转轴便可成为 4 轴或 5 轴搬运机器人）。其结构形式决定其负载能力强，可实现大物料、重吨位搬运；采用直角坐标系，编程方便快捷，广泛应用于生产线转运及机床上下料等大批量生产方式。

2. 悬臂式搬运机器人

悬臂式搬运机器人（见图 3-1-3）坐标系一般由 X 轴、Y 轴和 Z 轴组成，也可根据不同的应用需求采取相应的结构形式（在 Z 轴下端添加旋转或摆动便可成为 4 轴或 5 轴机器人）。此类机器人多数结构为 Z 轴随 Y 轴移动，有时针对特定的场合，Y 轴也可设置在 Z 轴下方，以便于进入设备内部进行搬运作业，广泛应用于卧式机床、立式机床及特定机床内部和压力机热处理机床的自动上下料。

图 3-1-2　龙门式搬运机器人

图 3-1-3　悬臂式搬运机器人

3. 侧臂式搬运机器人

侧臂式搬运机器人（见图 3-1-4）坐标系一般由 X 轴、Y 轴和 Z 轴组成，也可根据不同的应用需求采取相应的结构形式（在 Z 轴下端添加旋转或摆动就可以延伸成为 4 轴或 5 轴机器人）。该型机器人专用性强，主要应用于立体库类工况，如档案自动存取、全自动银行保管箱存取系统等。

4. 摆臂式搬运机器人

摆臂式搬运机器人（见图 3-1-5）坐标系一般由 X 轴、Y 轴和 Z 轴组成。Z 轴负责升降，也称为主轴；Y 轴通过外加滑轨进行移动；控制器与 X 轴末端连接，并绕其转动，实现 4 轴联动。此类机器人具有较高的强度和稳定性，广泛应用于国内外各生产厂家，是关节式机器人的理想替代品，但其负载能力与关节式机器人比相对较小。

图 3-1-4　侧臂式搬运机器人

图 3-1-5　摆臂式搬运机器人

5. 关节式搬运机器人

关节式搬运机器人是目前工业中最为常见的机器人，共有 5~6 个轴，行为动作类似人的手臂，具有结构紧凑、占地空间小、相对工作空间大以及自由度高等特点，几乎可做到全空间无死角工作，配合供料装置，即可组成一个自动化加工单元。这种自动化单元设计制造周期短且柔性大，产品换型转换方便，甚至可以满足形状变化较大的产品换型要求。一些关节型机器人可以内置视觉系统，对于部分特殊产品还可以通过增加视觉识别装置对工件摆放位置、相位和正反面等进行自动识别和判断，并根据结果执行相应动作，实现智能化自动化生产。同时，可以让机器人在装夹工件之余，进行工件的清洗、吹干、检验和去毛刺等作业，大大提高了机器人的利用率。关节机器人可以落地安装、天吊安装或者安装在轨道上服务更多的加工设备。例如 FANUC R-1000iA 和 R-2000iB 等机器人可用于冲压薄板材的搬运，而 ABB IRB140 和 IRB6660 等机器人多用于热锻机床之间的搬运。图 3-1-6 所示为关节式机器人进行钣金件搬运作业。

综上所述，龙门式搬运机器人、悬臂式搬运机器人、侧臂式搬运机器人以及摆臂式搬运机器人均在直角坐标系下作业，其工作方式主要是沿着 X、Y、Z 轴上的线性运动，所以不能满足对放置位置和相位等有特别要求的上下料作业需要。同时，如果采用直角式（桁架式）机器人上下料，对厂房高度有一定的要求且机床设备需按照"一"字形排列。除此以外，直角式（桁架式）搬运机器人和关节式机器人在实际应用中都有如下特征：

图 3-1-6　关节式机器人进行钣金件搬运作业

1）能够实时调节动作节拍、移动速率和末端执行器动作状态。

2）可更换不同末端执行器以适应物料形状的不同，操作方便快捷。

3）能够与传送带或移动滑轨等辅助设备集成，实现柔性化生产。

4）占地面积相对小，动作空间大，减少厂源限制。

二、搬运机器人系统组成

搬运机器人是包括相应附属装置及外围设备而形成的一个完整系统。以关节式搬运机器人为例，其工作站主要由机器人本体、控制系统、搬运系统（气体发生装置、真空发生装置和手爪等）和安全保护装置等组成，如图 3-1-7 所示。操作者可通过示教器和操作面板进行搬运机器人运动位置和动作程序的示教，并设定运动速度等搬运参数。

1. 机器人本体

以关节式搬运机器人为例，其常见本体一般为 4~6 轴，如图 3-1-8 所示。搬运机器人本体在结构设计上与其他关节式工业机器人本体类似，在负载较轻时两者本体可以互换，但负载较重时搬

图 3-1-7　搬运机器人系统组成

1—机器人控制柜　2—示教器　3—气体发生装置
4—真空发生装置　5—机器人本体　6—吸附式手爪

运机器人本体通常会有附加连杆，
其依附于轴形成平行四连杆机构，
起到支撑整体和稳固末端作用，
且不因臂展伸缩而产生变化。6 轴
搬运机器人本体部分具有回转、
抬臂、前伸、手腕旋转、手腕弯
曲和手腕扭转 6 个独立旋转关节，
而 5 轴搬运机器人多数情况下略
去手腕旋转这一关节，4 轴搬运机
器人则是略去了手腕旋转和手腕
弯曲这两个关节。

a) 4轴机器人　　b) 5轴机器人　　c) 6轴机器人

图 3-1-8　关节式搬运机器人本体

2. 末端执行器

搬运机器人末端执行器是一
种夹持工件移动的夹具，早期的执行器（手爪）只能抓取一种或者一类形状、大小和重量相
似的工件，具有一定的局限性。随着技术的不断进步，执行器（手爪）也在一定范围内具有
可调性，并可配置感知器，以确保其具有足够的夹持力和夹持精度。常见搬运机器人末端执
行器有吸附式、夹钳式和仿人式等。吸附式末端执行器在前面任务已做介绍，在此重点介绍
夹钳式和仿人式末端执行器。

（1）夹钳式末端执行器　夹钳式通常用手爪拾取工件，外形与人手相似，是现代工业机
器人广泛应用的一种形式，一般由手爪、驱动机构、传动机构、连接和支撑元件组成，多用
于负载重、高温且表面质量不高等吸附式无法工作的场合。

手爪是直接与工件接触的部件，其形状直接影响工件抓取效果，多数情况下只需两个手
爪配合就可完成一般工件的夹取，对于复杂工件可以选择三爪或者多爪进行抓取。常见手爪
前端形状分 V 形爪、平面形爪、尖形爪等。

1）V 形爪。常用于夹持圆柱形工件，动作稳固可靠，误差相对较小，如图 3-1-9 所示。

2）平面形爪。常用于夹持方形工件（至少有两个平行面，例如方形包装盒等）、厚板或
者短小棒料，如图 3-1-10 所示。

3）尖形爪。常用于夹持复杂场合小型工件，避免与周围障碍物相碰撞；也可夹持炽热工
件，避免搬运机器人本体受到热损伤，如图 3-1-11 所示。

图 3-1-9　V 形爪　　　　图 3-1-10　平面形爪　　　　图 3-1-11　尖形爪

根据被抓取工件形状、大小及抓取部位的不同，爪面形式分为平滑爪面、齿形爪面和柔
性爪面。

1）平滑爪面。指爪面光滑平整，常用来夹持成品工件，避免损伤表面。

2）齿形爪面。指爪面刻有齿纹，主要目的是增加与被夹持工件的摩擦力，确保夹持稳固
可靠，常用于夹持表面粗糙的毛坯或半成品工件。

3）柔性爪面。柔性爪面内镶有橡胶、泡沫、石棉等物质，可以起到增加摩擦、保护已加
工工件表面和隔热等作用。常用于夹持成品工件、炽热工件以及脆性或薄壁工件等。

（2）仿人式末端执行器　仿人式末端执行器是针对特殊外形工件进行抓取的一类手爪，

主要包括柔性手和多指灵巧手。柔性手具有多关节柔性手腕，其上每个手指由多关节链组成，由摩擦轮和牵引丝组成，工作时通过一根牵引线收紧另一根牵引线放松实现抓取，其抓取对象多为不规则或圆形等轻便工件；多指灵巧手仿真程度更高，具有多根手指，每根手指都包含 3 个回转自由度且为独立控制，操作精确度极高，广泛应用于核工业以及航天工业等高精度作业，如图 3-1-12 所示。

无论是夹钳式还是仿人式手爪，都需要单独外力进行驱动，即需要连接相应外形信号控制装置及传感系统，以控制搬运机器人手爪实时动作状态及力的大小。手爪驱动方式包括气动、电动和液压驱动（对于轻型和中型的零件多采用气动手爪，对于重型零件采用液压手爪，对于精度要求高或复杂的场合采用电动伺服手爪）。驱动装置将产生的力或扭矩通过传动装置传递给末端执行器（手爪），以实现抓取与释放。依据手爪的动作方式，传动装置可分为回转型和移动型。回转型是夹钳式手爪常用形式，通过斜楔、滑槽、连杆、齿轮螺杆或蜗轮蜗杆等机构组合而成，可适时改变传动比以调节夹持力的大小；移动型手爪是指手爪做平面移动或者直线往复移动来实现开启或闭合，常用于夹持具有平行面的工件，设计结构相对复杂，应用不如回转型手爪广泛。

a) 柔性手爪　　　　　　　　　　　b) 多指灵巧手爪

图 3-1-12　仿人式末端执行器

三、搬运机器人示教

如前面所述，工业机器人作业示教的一项重要内容——运动轨迹，即确定各程序点处工具中心点（TCP）的位姿。对搬运机器人而言，工具中心点因为末端执行器的不同而设置在不同位置。吸附式搬运机器人 TCP 一般设在法兰中心线与吸盘平面交点处，如图 3-1-13a 所示；生产再现如图 3-1-13b 所示。夹钳式 TCP 一般设在法兰中心线与手爪前端面交点处，如图 3-1-14a 所示；生产再现如图 3-1-14b 所示。

工具中心点在法兰中心线与吸盘平面的交点处

a) 吸附式TCP　　　　　　　　　　　b) 生产再现

图 3-1-13　吸附式 TCP 及生产再现

a) 夹钳式TCP
b) 生产再现

图 3-1-14　夹钳式 TCP 及生产再现

1. 冷加工搬运作业

在材料冷加工工艺中搬运机器人可分为关节式和直角式，末端执行器可以为吸附式和夹钳式。现以图 3-1-15 所示工件搬运作业为例，选择龙门式（5 轴）搬运机器人，末端执行器为双气动手爪（一个负责抓取毛坯并放置到工作台卡盘上，另一个负责从卡盘上取下已完工工件），采用在线示教方式为机器人输入搬运作业程序。该程序由编号 1～13 的 13 个程序点组成，各程序点的说明见表 3-1-1。具体作业编程可参照图 3-1-16 所示流程展开。

图 3-1-15　冷加工搬运机器人运动轨迹

表 3-1-1　程序点说明（冷加工搬运作业）

程序点	说明	手爪动作	程序点	说明	手爪动作
程序点 1	机器人原点	—	程序点 8	移动中间点	抓取
程序点 2	移动中间点	—	程序点 9	移动中间点	抓取
程序点 3	搬运临近点	—	程序点 10	搬运作业点	抓取
程序点 4	搬运作业点	抓取	程序点 11	搬运规避点	—
程序点 5	移动中间点	抓取	程序点 12	移动中间点	—
程序点 6	移动中间点	抓取	程序点 13	机器人原点	—
程序点 7	移动中间点	抓取			

（1）示教前准备　示教前应做好如下准备：

1）确认操作者与机器人之间保持安全距离。

2）机器人原点确认。通过机器人机械臂各关节处的标记或调用原点程序复位机器人。

（2）新建作业程序　单击示教器的相关菜单或按钮，新建一个作业程序，命名为"Handle_ cold"。

图 3-1-16 冷加工搬运机器人作业示教流程

（3）程序点输入　在示教模式下，手动操作龙门搬运机器人按图 3-1-15 所示的轨迹从程序点 1 移至程序点 13。为了提高机器人效率，程序点 1 和程序点 13 需设置在同一点，此外各程序点需设置于与工件、夹具互不干涉的位置。具体示教方法见表 3-1-2。

表 3-1-2　冷加工搬运作业示教

程序点	示 教 方 法
程序点 1 （机器人原点）	(1) 按手动操作机器人要领移动搬运机器人到搬运原点 (2) 插补方式选"PTP" (3) 确认保存程序点 1 为搬运机器人原点
程序点 2 （移动中间点）	(1) 手动操作搬运机器人，将其移动到中间点，并调整手爪姿态 (2) 插补方式选"PTP" (3) 确认保存程序点 2 为搬运机器人作业移动中间点
程序点 3 （作业临近点）	(1) 手动操作搬运机器人，将其移动到搬运作业临近点，并调整手爪姿态 (2) 插补方式选"PTP" (3) 确认保存程序点 3 为搬运机器人作业临近点
程序点 4 （搬运作业点）	(1) 手动操作搬运机器人，将其移动到搬运起始点且保持手爪位姿不变 (2) 插补方式选"直线插补" (3) 再次确认程序点，保证其为作业起始点 (4) 若有需要可直接输入搬运作业命令
程序点 5 （搬运中间点）	(1) 手动操作搬运机器人，将其移动到搬运中间点，并适度调整手爪姿态 (2) 插补方式选"PTP" (3) 确认保存程序点 5 为搬运机器人作业中间点
程序点 6~9 （搬运中间点）	(1) 手动操作搬运机器人，将其移动到搬运中间点，并适度调整手爪姿态 (2) 插补方式选"PTP" (3) 确认保存程序点 6~9 为搬运机器人作业中间点
程序点 10 （搬运作业点）	(1) 手动操作搬运机器人，将其移动到搬运结束点，并调整手爪位姿以适合安放工件 (2) 插补方式选"直线插补" (3) 再次确认程序点，保证其为作业结束点 (4) 若有需要可直接输入搬运作业命令
程序点 11 （搬运规避点）	(1) 手动操作机器人，将其移动到作业规避点 (2) 插补方式选"直线插补" (3) 确认保存程序点 11 为作业规避点
程序点 12 （移动中间点）	(1) 手动操作搬运机器人，将其移动到移动中间点，并调整手爪姿态 (2) 插补方式选"PTP" (3) 确认保存程序点 12 为搬运机器人作业移动中间点

（续）

程序点	示 教 方 法
程序点 13 （机器人原点）	（1）手动操作搬运机器人，将其移动到机器人原点 （2）插补方式选"PTP" （3）确认并保存程序点 13 为搬运机器人原点

注："PTP"指程序点对程序点。

（4）设定作业条件 搬运机器人的作业程序简单易懂，与 6 关节机器人程序均有类似之处，本实例所讲搬运作业，其条件的输入主要涉及以下几个方面：

1）在作业开始命令中设定搬运开始规范及搬运开始动作次序。

2）在搬运结束命令中设定搬运结束规范及搬运结束动作次序。

3）依据实际情况，在编辑模式下合理配置搬运工艺参数及手爪夹持力。

（5）检查试运行 确认搬运机器人周围安全后按如下操作进行跟踪测试作业。

1）打开待测程序文件。

2）移动光标至程序开始位置。

3）按住示教器【跟踪功能键】，操作搬运机器人单步或连续运转。

（6）再现搬运

1）打开要再现的作业程序，移动光标至程序开始位置，将示教器上的【模式旋钮】设定到"再现/自动"状态。

2）按下【伺服 ON 按钮】，接通伺服电源。

3）按下【起动按钮】，搬运机器人开始运行。

2.热加工搬运作业

在材料热加工工艺中可选用关节式或直角式搬运机器人，末端执行器多为夹钳式。现以图 3-1-17 所示工件搬运作业为例，选择关节式（6 轴）搬运机器人，末端执行器为夹钳式，采用在线示教方法为机器人输入搬运作业程序。该程序由编号 1~10 的 10 个程序点组成，各程序点的说明见表 3-1-3。具体作业编程可参照图 3-1-18 所示流程展开。

图 3-1-17 热加工搬运机器人运动轨迹

表 3-1-3 程序点说明（热加工搬运作业）

程序点	说明	手爪动作	程序点	说明	手爪动作
程序点 1	机器人原点	—	程序点 6	搬运中间点	抓取
程序点 2	搬运临近点	—	程序点 7	搬运中间点	抓取
程序点 3	搬运作业点	抓取	程序点 8	搬运作业点	放置
程序点 4	搬运中间点	抓取	程序点 9	搬运规避点	—
程序点 5	搬运中间点	抓取	程序点 10	机器人原点	—

```
┌──────────┐      ┌──────────┐      ┌──────────┐
│ 示教前准备 │      │ 输入程序点8 │ ──→  │ 输入程序点9 │
└──────────┘      └──────────┘      └──────────┘
     │                 ↑                  │
     ↓                 │                  ↓
┌──────────┐      ┌──────────┐      ┌──────────┐
│ 新建程序  │      │ 输入程序点7 │      │ 输入程序点10│
└──────────┘      └──────────┘      └──────────┘
     │                 ↑                  │
     ↓                 │                  ↓
┌──────────┐      ┌──────────┐      ┌──────────┐
│ 输入程序点1 │      │ 输入程序点6 │      │ 设定搬运条件│
└──────────┘      └──────────┘      └──────────┘
     │                 ↑                  │
     ↓                 │                  ↓
┌──────────┐      ┌──────────┐      ┌──────────┐
│ 输入程序点2 │      │ 输入程序点5 │      │运行确认(跟踪)│
└──────────┘      └──────────┘      └──────────┘
     │                 ↑                  │
     ↓                 │                  ↓
┌──────────┐      ┌──────────┐      ┌──────────┐
│ 输入程序点3 │ ──→  │ 输入程序点4 │      │ 再现搬运  │
└──────────┘      └──────────┘      └──────────┘
```

图 3-1-18　热加工搬运机器人作业示教流程

（1）**示教前准备**　示教前应做好如下准备：

1）确认操作者与机器人之间保持安全距离。

2）机器人原点确认。通过机器人机械臂各关节处的标记或调用原点程序复位机器人。

（2）**新建作业程序**　单击示教器的相关菜单或按钮，新建一个作业程序，命名为"Handle_ hot"。

（3）**程序点输入**　在示教模式下，手动操作搬运机器人按图 3-1-17 所示的轨迹从程序点1移至程序点10。为了方便编写程序，程序点1和程序点10需设置在同一点，此外各程序点需设置于与工件、夹具互不干涉的位置。具体示教方法见表 3-1-4。

表 3-1-4　热加工搬运作业示教

程序点	示 教 方 法
程序点 1 （机器人原点）	(1)按手动操作机器人要领移动搬运机器人到搬运原点 (2)插补方式选"PTP" (3)确认保存程序点1为搬运机器人原点
程序点 2 （搬运临近点）	(1)手动操作搬运机器人，将其到搬运作业临近点，并调整夹钳姿态 (2)插补方式选"PTP" (3)确认并保存程序点2为搬运机器人作业临近点
程序点 3 （搬运作业点）	(1)手动操作搬运机器人，将其移动到搬运起始点且保持夹钳位姿不变 (2)插补方式选"直线插补" (3)再次确认程序点，保证其为作业起始点 (4)若有需要可直接输入搬运作业命令
程序点 4 （搬运中间点）	(1)手动操作搬运机器人到搬运中间点，并适度调整夹钳姿态 (2)插补方式选"直线插补" (3)确认保存程序点4为搬运机器人作业中间点
程序点 5、6 （搬运中间点）	(1)手动操作搬运机器人，将其移动到搬运中间点，并适度调整夹钳姿态 (2)插补方式选"PTP" (3)确认保存程序点5、6为搬运机器人作业中间点
程序点 7 （移动中间点）	(1)手动操作搬运机器人，将其移动到搬运中间点，并适度调整夹钳姿态 (2)插补方式选"直线插补" (3)确认保存程序点7为搬运机器人作业中间点
程序点 8 （搬运作业点）	(1)手动操作搬运机器人，将其移动到搬运终止点并调整夹钳位姿以适合安放工件 (2)插补方式选"直线插补" (3)再次确认程序点，保证其为作业终止点 (4)若有需要可直接输入搬运作业命令

（续）

程 序 点	示 教 方 法
程序点 9 （搬运规避点）	（1）手动操作机器人，将其移动到作业规避点 （2）插补方式选"直线插补" （3）确认保存程序点 9 为作业规避点
程序点 10 （机器人原点）	（1）手动操作搬运机器人，将其移动到机器人原点 （2）插补方式选"PTP" （3）确认并保存程序点 10 为搬运机器人原点

因步骤（4）设定作业条件、步骤（5）检查试运行和步骤（6）再现搬运，操作与冷加工搬运实例相似，故不再赘述。

综上所述，搬运机器人编程时运动轨迹上的关键点坐标位置通过示教方式获取，然后存入程序的运动指令中。插补方式常为"PTP"和"直线插补"即可满足基本搬运要求，但对于改造或优化生产线等情况，一般需在离线编程软件上建立相应模型模拟实际生产环境，且搬运机器人作业程序的编制、运动轨迹坐标位置的获取以及程序的调试均在一台计算机上独立完成即可，既不需要机器人本身的参与，又能计算机器人搬运节拍，达到优化目的，减少出错，同时也减轻程序员的劳动强度。

四、搬运机器人外围设备与工位布局

用机器人完成一项搬运工作，除需要搬运机器人（机器人和搬运设备）以外，还需要一些外围辅助设备。同时，为了节约生产空间，合理的机器人工位布局也尤为重要。

1. 外围设备

目前，常见搬运机器人外围辅助装置有增加移动范围的滑移平台，合适的搬运系统装置和安全保护装置等。

（1）滑移平台 在某些搬运场合，由于搬运空间过大，搬运机器人的末端工具无法到达指定搬运位置或姿态，此时可通过外加轴的办法增加机器人的自由度，最常用的有增加滑移平台。其可安装在地面或龙门框架上，如图 3-1-19 所示。

a) 地面安装　　　　　　　　b) 龙门架安装

图 3-1-19　滑移平台

（2）搬运系统 搬运系统主要包括真空发生装置、气体发生装置和液压发生装置等，均为标准件。一般的真空发生装置和气体发生装置均可满足吸盘和气动夹钳所需动力，企业常用空气控压站对整个车间提供压缩空气和抽真空；液压发生装置的动力元件（电动机、液压泵等）布置在搬运机器人周围，执行元件（液压缸）与夹钳一体，需要装在搬运机器人末端法兰上，与气动夹钳相类似。

2. 工位布局

由搬运机器人组成的加工单元或柔性化生产线，可完全代替人工实现物料自动搬运，因此搬运机器人工作站布局是否合理将直接影响搬运速率和生产节拍。根据车间场地面积，在有利于提高生产节拍的前提下，搬运机器人工作站可采用 L 形、环状和"一"字等布局形式。

（1）L 形布局　将搬运机器人安装在龙门架上，使其在机床上方行走，可最大限度节约地面资源，如图 3-1-20 所示。

（2）环状布局　又称为"岛式加工单元"，如图 3-1-21 所示，以关节式搬运机器人为中心，机床围绕其四周形成环状，进行工件搬运与加工，可提高生产效率、节约空间，适合小空间厂房作业。

（3）"一"字布局　如图 3-1-22 所示，直角桁架机器人通常要求工件成一字排列，且对厂房高度和长度皆有一定要求，因其工作运动方式为直线编程，故很难满足对放置位置或相位等有特别要求工件的上下料作业需要。

图 3-1-20　L 形布局

图 3-1-21　环状布局

图 3-1-22　"一"字布局

任务实施

一、任务准备

实施本任务教学所使用的实训设备及工具材料见表 3-1-5。

表 3-1-5　实训设备及工具材料

序号	分类	名称	型号规格	数量	单位	备注
1	工具	内六角扳手	3.0mm	1	个	工具墙
2		内六角扳手	4.0mm	1	个	工具墙
3	设备器材	内六角螺钉	M4	4	颗	工具墙蓝色盒
4		内六角螺钉	M5	4	颗	工具墙黄色盒
5		水平搬运单元		1	个	物料间领料
6		单吸盘夹具		1	个	物料间领料

二、工业机器人搬运工作站的编程与操作

图 3-1-23 所示是工业机器人水平搬运单元工作站，其水平搬运单元结构如图 3-1-24 所示。本任务采用示教编程方法，操作机器人实现水平搬运单元运动轨迹的示教。

具体控制要求如下：

1. 实训模式

确保各个信号正确连接。当按控制面板上急停按钮 QS 后，机器人紧急停止并报警。在自动模式时可通过面板按钮 SB1 控制机器人电动机上电、按钮 SB2 控制机器人从主程序开始运行，通过按钮 SB3 可控制机器人停止，通过按钮 SB4 可控制机器人起动，指示灯 H1 显示机器人自动运行状态，指示灯 H2 显示电动机上电状态。

2. 演示模式

采用可编程序控制器（PLC）对机器人状态信号进行控制。当机器人切换至自动模式时 HR 指示灯亮起，表示系统准备就绪，且处于停止状态。按下 SB1 系统起动按钮，HG 运行指示灯亮起，HR 指示灯灭掉。同时机器人上电运行，开始码垛工作。搬运起工作结束后机器人回到工作原点位置并停止，且 HR 灯亮起表示系统停止。

图 3-1-23　工业机器人水平搬运单元工作站

图 3-1-24　水平搬运单元结构

3. 认识搬运模型

搬运模型由两块图块固定板和多形状物料（正方形、圆形、六边形、椭圆形）组成，如图 3-1-25 所示。

三、搬运模型安装

把搬运模型套件放置在实训平台上合适的位置，调整使安装螺纹孔与实训平台固定螺纹孔对应，并用螺钉锁紧，如图 3-1-26 所示。

四、吸盘夹具及夹具电路和气路安装

1. 吸盘夹具安装

首先将与机器人的连接法兰安装至机器人 6

图 3-1-25　搬运模型组成

轴法兰盘上，然后再把吸盘夹具安装至连接法兰上，如图 3-1-27 所示。

2. 夹具电路及气路安装

1）用合适的气管把吸盘手爪、真空发生器和电磁阀连接好，并用扎带固定。

2）按照图 3-1-28 所示接线图将电磁阀电路与集成信号接线端子盒正确连接。

五、设计控制原理框图

根据控制要求，设计控制原理框图（见图 3-1-29）。

六、设计两种模式下 I/O 分配表

1. 演示模式 I/O 分配表

PLC 控制柜的配线已经完成。PLC 输入信号 X26～X37 对应机器人输出信号 DO1～DO10，PLC 输出信号 Y26～Y37 对应机器人输入信号 DI1～DI10。根据工作站任务要求，对机器人 I/O 信号 System Input、System Output 进行配置，见表 3-1-6。

图 3-1-26 搬运模型安装

图 3-1-27 单吸盘夹具安装

表 3-1-6 演示模式 I/O 分配

PLC 输出信号		机器人输入信号		
PLC 地址	PLC 符号	信号（Signal）	系统输入（System Input）	类型（Argument）
Y26	电动机上电	DI1	MotorOn	
Y27	机器人从主程序首条起动	DI2	StartMain	CYCLE
Y30	机器人停止	DI3	Stop	
Y31	机器人起动	DI4	Start	CYCLE
Y32	机器人急停复位	DI5	ResetEStop	
Y06	机器人外部停止	机器人控制器外部急停信号		
Y05	HG（面板）运行指示灯			
Y04	HR（面板）停止指示灯			

（续）

PLC 输入信号		机器人输出信号	
PLC 地址	PLC 符号	信号（Signal）	系统输出（System Output）
X26	机器电动机已上电	DO1	MotorOnState
X27	自动运行状态	DO2	AutoOn
X30	机器人工作完成	DO3	
X31	机器人紧急停止输入	DO4	EStop
X01	（面板）起动按钮 SB1		
X02	（面板）复位按钮 SB2		
X03	（面板）暂停按钮 SB3		
X04	（面板）急停按钮 QS1		

图 3-1-28　吸盘手爪夹具电磁阀接线图

图 3-1-29　控制原理框图

2. 实训模式 I/O 分配表

所有信号均分布在面板上，根据工作站任务要求进行配置，见表 3-1-7。

表 3-1-7　实训模式 I/O 分配表

面板按钮	信号（Signal）	系统输入（System Input）	类型（Argument）
SB1	DI1	MotorOn	
SB2	DI2	StartMain	CYCLE
SB3	DI3	Stop	
SB4	DI4	Start	CYCLE
面板指示灯	信号（Signal）	系统输出（System Output）	
H1	DO1	AutoOn	
H2	DO2	MotorOn	

七、线路安装

1."演示模式"下接线

"演示模式"下 PLC 控制柜内配线已完成，不需要另外接。

2."实训模式"下的接线

根据表 3-1-7 所示，完成机器人 I/O 信号和系统信号的关联配置。要求使用安全连线把机器人输入信号 DI1～DI4 接到对应面板上的 SB1～SB4 按钮，按钮公共端接 0V；机器人的输出信号 DO1 和 DO2 接入面板指示灯 H1 和 H2 中，指示灯公共端接 24V。接线工艺要求如下：

1）所有安全连线用扎带固定，控制面板布线合理，布局美观。

2）安全连线插线牢靠无松动。

八、PLC 程序设计

PLC 的控制要求如下：

1）机器人处于自动模式且无报警状态时，HR 指示灯点亮，表示系统就绪且处于停止状态。

2）按下按钮 SB1，系统起动，机器人开始动作，同时 HG 面板运行指示灯亮起，表示系统处于运行状态。

3）按下按钮 SB3，系统暂停，机器人动作停止。再次按下起动按钮 SB1 时机器人按照上次停止前的动作继续运行。

4）按下按钮 QS1 系统紧急停止，机器人报警。按下复位按钮 SB2 后，解除机器人急停报警状态。

参照表 3-1-6，设计 PLC 梯形图（机器人起动部分）如图 3-1-30 所示。

九、确定机器人运动所需示教点

根据工作站任务分析机器人运动轨迹并进行分解，选择对应的示教点位置。本任务搬运点较为基础，不再赘述。

十、机器人程序编写

根据机器人运动轨迹编写机器人程序时，首先根据控制要求绘制机器人程序流程图，然后编写机器人主程序和子程序。子程序主要包括机器人初始化子程序、抓取物料子程序和码放物料子程序。编写子程序前要先设计好机器人的运行轨迹并定义好机器人的程序点。

1. 设计机器人程序流程图

根据控制功能，设计机器人程序流程图，如图 3-1-31 所示。

图 3-1-30　PLC 梯形图（机器人起动部分）

2. 系统输入输出设定

参照前面任务所述的方法进行系统输入输出的设定，不再赘述。

3. 机器人程序设计

机器人参考程序如下：

MODULE MainModule

VAR num r1：= 0；

CONST jointtarget jpos10：= [[0,0,0,0,0,0],[9E+09,9E+09,9E+09,9E+09,9E+09,9E+09]]；

CONST robtarget p0：= [[430.03,149.61,218.44],[0.70715,-0.000218716,0.707064,0.00021446],[0,0,-1,1],[9E+09,9E+09,9E+09,9E+09,9E+09,9E+09]]；

CONST robtarget p10：= [[430.03,207.01,44.58],[0.70715,-0.000219468,0.707064,0.000214336],[0,0,-1,1],[9E+09,9E+09,9E+09,9E+09,9E+09,9E+09]]；

CONST robtarget p20：= [[440.50,204.63,11.77],[0.70715,-0.000219263,0.707063,0.000215396],[0,0,-1,1],[9E+09,9E+09,9E+09,9E+09,9E+09,9E+09]]；

CONST robtarget p30：= [[440.50,204.63,89.44],[0.707151,-0.000219375,0.707063,0.000215346],[0,0,-1,1],[9E+09,9E+09,9E+09,9E+09,9E+09,9E+09]]；

CONST robtarget p40：= [[443.37,149.46,233.04],[0.70715,-0.000218913,0.707064,0.0002143],[0,0,-1,1],[9E+09,9E+09,9E+09,9E+09,9E+09,9E+09]]；

CONST robtarget p50：= [[443.37,154.09,89.56],[0.70715,-0.000219261,0.707064,0.00021407],[0,0,-1,1],[9E+09,9E+09,9E+09,9E+09,9E+09,9E+09]]；

CONST robtarget p60：= [[443.37,152.87,12.62],[0.70715,-0.000219464,0.707063,

图 3-1-31　机器人程序流程图

0.00021432],[0,0,-1,1],[9E+09,9E+09,9E+09,9E+09,9E+09,9E+09]];

    CONST robtarget p70：=[[443.37,152.87,116.00],[0.70715,-0.000219495,0.707063,
0.000213948],[0,0,-1,1],[9E+09,9E+09,9E+09,9E+09,9E+09,9E+09]];

    CONST robtarget p80：=[[414.41,109.14,221.70],[0.707151,-0.000219949,0.707063,
0.000213993],[0,0,-1,1],[9E+09,9E+09,9E+09,9E+09,9E+09,9E+09]];

    CONST robtarget p90：=[[443.46,100.09,46.63],[0.707151,-0.000219988,0.707063,
0.000214528],[0,0,-1,1],[9E+09,9E+09,9E+09,9E+09,9E+09,9E+09]];

    CONST robtarget p100：=[[443.46,100.09,12.28],[0.707151,-0.000219967,0.707062,
0.000214484],[0,0,-1,1],[9E+09,9E+09,9E+09,9E+09,9E+09,9E+09]];

    CONST robtarget p110：=[[443.46,100.09,93.53],[0.707151,-0.00022034,0.707062,
0.000214589],[0,0,-1,1],[9E+09,9E+09,9E+09,9E+09,9E+09,9E+09]];

    CONST robtarget p120：=[[443.46,46.67,157.90],[0.707151,-0.000220272,0.707062,
0.000214529],[0,0,-1,1],[9E+09,9E+09,9E+09,9E+09,9E+09,9E+09]];

    CONST robtarget p130：=[[438.19,46.67,37.63],[0.707152,-0.000220158,0.707062,
0.000214636],[0,0,-1,1],[9E+09,9E+09,9E+09,9E+09,9E+09,9E+09]];

    CONST robtarget p140：=[[441.06,49.01,11.98],[0.707152,-0.00021998,0.707062,
0.000214461],[0,0,0,1],[9E+09,9E+09,9E+09,9E+09,9E+09,9E+09]];

    CONST robtarget p150：=[[441.06,49.01,80.17],[0.707152,-0.000219934,0.707062,
0.000214832],[0,0,-1,1],[9E+09,9E+09,9E+09,9E+09,9E+09,9E+09]];

    CONST robtarget p160：=[[374.00,-0.00,630.00],[0.707107,5.27994E-23,0.707107,-
5.27994E-23],[-1,0,0,0],[9E+09,9E+09,9E+09,9E+09,9E+09,9E+09]];

    CONST robtarget p170：=[[374.00,-0.00,630.00],[0.707107,5.27994E-23,0.707107,-
5.27994E-23],[-1,0,0,0],[9E+09,9E+09,9E+09,9E+09,9E+09,9E+09]];

    CONST robtarget p180：=[[374.00,-0.00,630.00],[0.707107,5.27994E-23,0.707107,-
5.27994E-23],[-1,0,0,0],[9E+09,9E+09,9E+09,9E+09,9E+09,9E+09]];

    CONST robtarget p190：=[[374.00,-0.00,630.00],[0.707107,5.27994E-23,0.707107,-
5.27994E-23],[-1,0,0,0],[9E+09,9E+09,9E+09,9E+09,9E+09,9E+09]];

    CONST robtarget p200：=[[442.61,-204.89,205.83],[0.703126,0.000452102,0.711055,
0.00363827],[-1,-1,0,1],[9E+09,9E+09,9E+09,9E+09,9E+09,9E+09]];

    CONST robtarget p210：=[[442.61,-204.89,42.95],[0.703127,0.000451876,0.711055,
0.00363844],[-1,-1,0,1],[9E+09,9E+09,9E+09,9E+09,9E+09,9E+09]];

    CONST robtarget p220：=[[442.61,-204.89,12.55],[0.703127,0.000452245,0.711055,
0.00363828],[-1,-1,0,1],[9E+09,9E+09,9E+09,9E+09,9E+09,9E+09]];

    CONST robtarget p230：=[[442.61,-204.89,67.96],[0.703127,0.0004523,0.711055,
0.00363834],[-1,-1,0,1],[9E+09,9E+09,9E+09,9E+09,9E+09,9E+09]];

    CONST robtarget p240：=[[442.61,-127.84,199.09],[0.703127,0.000451198,0.711055,
0.00363819],[-1,-1,0,1],[9E+09,9E+09,9E+09,9E+09,9E+09,9E+09]];

    CONST robtarget p250：=[[442.61,-153.13,51.94],[0.703127,0.000451212,0.711055,
0.00363806],[-1,-1,0,1],[9E+09,9E+09,9E+09,9E+09,9E+09,9E+09]];

    CONST robtarget p260：=[[442.61,-153.13,14.63],[0.703127,0.000451603,0.711055,
0.00363834],[-1,-1,0,1],[9E+09,9E+09,9E+09,9E+09,9E+09,9E+09]];

    CONST robtarget p270：=[[442.61,-153.13,111.27],[0.703127,0.000451838,0.711055,
0.00363825],[-1,-1,0,1],[9E+09,9E+09,9E+09,9E+09,9E+09,9E+09]];

CONST robtarget p280: = [[442.61, -98.17, 171.40], [0.703127, 0.000451984, 0.711055, 0.0036378], [-1, -1, 0, 1], [9E+09, 9E+09, 9E+09, 9E+09, 9E+09, 9E+09]];

CONST robtarget p290: = [[442.61, -98.17, 70.17], [0.703127, 0.000452069, 0.711055, 0.00363785], [-1, -1, 0, 1], [9E+09, 9E+09, 9E+09, 9E+09, 9E+09, 9E+09]];

CONST robtarget p300: = [[441.72, -101.67, 11.94], [0.703127, 0.00045148, 0.711055, 0.0036385], [-1, -1, 0, 1], [9E+09, 9E+09, 9E+09, 9E+09, 9E+09, 9E+09]];

CONST robtarget p310: = [[441.72, -101.67, 64.03], [0.703127, 0.000451686, 0.711055, 0.00363837], [-1, -1, 0, 1], [9E+09, 9E+09, 9E+09, 9E+09, 9E+09, 9E+09]];

CONST robtarget p320: = [[441.72, -48.88, 250.70], [0.703127, 0.000451584, 0.711055, 0.00363826], [-1, -1, 0, 1], [9E+09, 9E+09, 9E+09, 9E+09, 9E+09, 9E+09]];

CONST robtarget p330: = [[441.72, -48.88, 31.50], [0.703127, 0.000451644, 0.711055, 0.00363837], [-1, -1, 0, 1], [9E+09, 9E+09, 9E+09, 9E+09, 9E+09, 9E+09]];

CONST robtarget p340: = [[441.72, -49.04, 11.19], [0.703127, 0.000452163, 0.711055, 0.00363796], [-1, -1, 0, 1], [9E+09, 9E+09, 9E+09, 9E+09, 9E+09, 9E+09]];

CONST robtarget p350: = [[441.72, -49.04, 78.20], [0.703127, 0.000452346, 0.711055, 0.00363807], [-1, -1, 0, 1], [9E+09, 9E+09, 9E+09, 9E+09, 9E+09, 9E+09]];

CONST robtarget p360: = [[374.00, -0.00, 630.00], [0.707107, 5.27994E-23, 0.707107, -5.27994E-23], [-1, 0, 0, 0], [9E+09, 9E+09, 9E+09, 9E+09, 9E+09, 9E+09]];

```
VAR num r2: = 0;
VAR num r3: = 0;
VAR num r4: = 0;
PROC main()
    chushihua; ! 调用初始化子程序
    WHILE r1 < 16 DO ! 循环16次
    zhuaqu;
    mafang;
    r1 := r1 + 1;
    ENDWHILE
    PulseDO\PLength: =1, DO10_3; ! 机器人工作完成信号反馈
    Stop; ! 机器人工作完成后停止
ENDPROC
PROC chushihua()
    MoveAbsJ jpos10\NoEOffs, v1000, fine, tool1;
    Reset DO10_1;
    Reset DO10_2;
    Reset DO10_3;
    r1 := 0;
    r2 := 0;
    r3 := 0;
    r4 := 0;
ENDPROC
PROC zhuaqu()
    IF r1<4 THEN
```

```
        MoveJ p0, v1500, z10, tool1;
        MoveJ Offs(p10,52 * r1,0,0), v1500, z10, tool1;
        MoveJ Offs(p20,52 * r1,0,0),v1500,fine,tool1;
        SetDO DO10_1,1;
        WaitTime 1;
        Movel Offs(p30,52 * r1,0,0),v1500,fine,tool1;
        Reset DO10_1;
        ENDIF
        IF r1<8 and r1>3 THEN
        MoveJ p40,v1500,z10,tool1;
        MoveJ Offs(p50,52 * r2,0,0), v1500, z10, tool1;
        MoveJ Offs(p60,52 * r2,0,0),v1500,fine,tool1;
        SetDO DO10_1,1;
        WaitTime 1;
        MoveL Offs(p70,52 * r2,0,0),v1500,fine,tool1;
        Reset DO10_1;
        ENDIF
        IF r1<12 and r1>7 THEN
        MoveJ p80,v1500,z10,tool1;
        MoveJ Offs(p90,52 * r3,0,0), v1500, z10, tool1;
        MoveJ Offs(p100,52 * r3,0,0),v1500,fine,tool1;
        SetDO DO10_1,1;
        WaitTime 1;
        MoveL Offs(p110,52 * r3,0,0),v1500,fine,tool1;
        Reset DO10_1;
        ENDIF
        IF r1<16 and r1>11 THEN
        MoveJ p120,v1500,z10,tool1;
        MoveJ Offs(p130,52 * r4,0,0), v1500, z10, tool1;
        MoveJ Offs(p140,52 * r4,0,0),v1500,fine,tool1;
        SetDO DO10_1,1;
        WaitTime 1;
        MoveL Offs(p150,52 * r4,0,0),v1500,fine,tool1;
        Reset DO10_1;
        ENDIF
        MoveAbsJ jpos10\NoEOffs, v1000, fine, tool1;
    ENDPROC
    PROC mafang()
        IF r1<4 THEN
        MoveJ p200,v1500,z10,tool1;
        MoveJ Offs(p210,52 * r1,0,0), v1500, z10, tool1;
        MoveJ Offs(p220,52 * r1,0,0),v1500,fine,tool1;
        Set DO10_2;
```

```
WaitTime 1;
MoveL Offs(p230,52 * r1,0,0),v1500,fine,tool1;
 reset do10_2;
ENDIF
IF r1<8 and r1>3 THEN
MoveJ p240,v1500,z10,tool1;
MoveJ Offs(p250,52 * r2,0,0), v1500, z10, tool1;
MoveJ Offs(p260,52 * r2,0,0),v1500,fine,tool1;
Set DO10_2;
WaitTime 1;
MoveL Offs(p270,52 * r2,0,0),v1500,fine,tool1;
reset do10_2;
r2 :=r2+1;
ENDIF
IF r1<12 and r1>7 THEN
MoveJ p280,v1500,z10,tool1;
MoveJ Offs(p290,52 * r3,0,0), v1500, z10, tool1;
MoveJ Offs(p300,52 * r3,0,0),v1500,fine,tool1;
Set DO10_2;
WaitTime 1;
MoveL Offs(p310,52 * r3,0,0),v1500,fine,tool1;
reset do10_2;
    r3 :=r3+1;
ENDIF
IF r1<16 and r1>11 THEN
MoveJ p320,v1500,z10,tool1;
MoveJ Offs(p330,52 * r4,0,0), v1500, z10, tool1;
MoveJ Offs(p340,52 * r4,0,0),v1500,fine,tool1;
Set DO10_2;
WaitTime 1;
MoveL Offs(p350,52 * r4,0,0),v1500,fine,tool1;
reset do10_2;
r4 :=r4+1;
ENDIF
MoveAbsJ jpos10\NoEOffs, v1000, fine, tool1;
    ENDPROC
ENDMODULE
```

4. 程序数据修改

1）机器人程序位置点修改。手动操纵机器人到待修改点的位置，进入"程序数据"中的"robtarget"数据，选择待修改的点，单击"编辑"中的"修改位置"完成修改，如图3-1-32

所以。

图 3-1-32　机器人程序位置点修改

2）同理，依次完成 P2~P6 的数据修改。

任务测评

对任务实施的完成情况进行检查，并将结果填入表 3-1-8。

表 3-1-8　任务测评表

序号	主要内容	考核要求	评分标准	配分	扣分	得分
1	安装	夹具与模块固定牢靠，不缺少螺钉	1. 夹具与模块安装位置不合适,扣 5 分 2. 夹具或模块松动,扣 5 分 3. 损坏夹具或模块,扣 10 分 4. 面板插线松动,未按工艺要求插线扣 5 分	20		
2	机器人程序设计与示教操作	I/O 配置完整,程序设计正确,机器人示教正确	1. 操作机器人动作不规范,扣 5 分 2. 机器人未能完成物料搬运,每个物料扣 2 分 3. 缺少 I/O 配置,每个扣 1 分 4. 程序缺少输出信号设计,每个扣 1 分 5. 工具坐标系定义错误或缺失,每个扣 5 分 6. 演示模式时未能通过 PLC 程序正常进行系统集成,扣 20 分 7. 实训模式时未能通过面板插线的按钮正常起动机器人,扣 10 分	70		
3	安全文明生产	劳动保护用品穿戴整齐;遵守操作规程;讲文明礼貌;操作结束要清理现场	1. 操作中,违反安全文明生产考核要求的任何一项扣 5 分,扣完为止 2. 当发现学生有重大事故隐患时,要立即予以制止,并每次扣安全文明生产总分 5 分	10		
合　计				100		
开始时间:			结束时间:			

巩固与提高

一、填空题（将正确答案填入括号内）

1. 从结构形式上看，搬运机器人可分为_____、____、_____、____和关节式搬运机器人。

2. 搬运机器人常见末端执行器分_____、_____和_____。

3. 图 3-1-33 所示为吸附式搬运机器人系统组成示意图。图中，编号 1 表示_____；编号 2 表示_____；编号 3 表示_____；编号 6 表示_____。

图 3-1-33　吸附式搬运机器人系统

二、选择题（将正确答案的序号填入括号内）

1. 依据产生压力差方式的不同，可将气吸附分为（　　）。

①真空吸盘吸附　　　②气流负压气吸附　　　③挤压排气负压气吸附

A. ①②　　　　　B. ①③　　　　　C. ②③　　　　　D. ①②③

2. 搬运机器人作业编程主要是完成（　　）的示教。

①运动轨迹　　　②作业条件　　　③作业顺序

A. ①②　　　　　B. ①③　　　　　C. ②③　　　　　D. ①②③

三、判断题（正确的打"√"，错误的打"×"）

（　　）1. 根据车间场地面积，在利于提高生产效率的前提下，搬运机器人工作站可采用 L 形、环状和"一"字等布局。

（　　）2. 关节式搬运机器人本体在负载较轻的情况下可以与其他通用关节机器人本体进行互换。

（　　）3. 关于搬运机器人的 TCP，吸附类一般设置在法兰中心线与吸盘底面的交点处，而夹钳类通常设置在法兰中心线与手爪前端面交点处。

四、综合应用题

1. 简述气吸附与磁吸附的异同点。

2. 图 3-1-34 所示为某品牌游戏机钣金件生产线，该生产线主要由 5 台压力机和 6 台垂直

图 3-1-34　钣金件生产线

多关节搬运机器人组成。产品采用 Q235 冷板材，生产工序依次为落料→一次拉伸→二次拉伸→冲孔（大孔）→冲孔（周边小孔），各工序间物料搬运均由机器人完成。依图画出落料至一次拉伸工序间机器人物料搬运轨迹示意图，并完成表 3-1-9（请在相应选项下打"√"或选择序号）。

表 3-1-9　搬运作业示教

程序点	搬运作业		插补方式	
	作业点	①原点②中间点③规避点④临近点	PTP	直线插补

任务 2　码垛机器人及其操作应用

学习目标

知识目标：1. 了解码垛机器人的分类及特点。
　　　　　2. 掌握码垛机器人的系统组成及功能。
　　　　　3. 熟悉码垛机器人作业示教的基本流程。
　　　　　4. 熟悉码垛机器人周边设备与布局。
能力目标：1. 能够识别码垛机器人工作站基本构成。
　　　　　2. 能够进行码垛机器人的简单作业示教。

工作任务

　　码垛机器人是继人工和码垛机之后出现的智能化码垛作业设备，不仅可以改善劳动环境，而且能够减轻劳动强度，保证人身安全，减少辅助设备，提高生产效率。例如，码垛机器人可使运输工业加快码垛效率，提升物流速度，获得整齐统一的物垛，减少物料破损与浪费。因此，码垛机器人将逐步取代传统码垛机，并最终实现生产制造"新自动化、新无人化"，码垛行业也将因码垛机器人的出现而步入"新起点"。

　　本任务的内容是：通过学习，掌握码垛机器人的特点、基本系统组成、周边设备和作业程序，并能掌握码垛机器人作业示教的基本要领和注意事项。

相关知识

一、码垛机器人分类及特点

　　码垛机器人作为新型智能化码垛设备，具有作业高效、码垛稳定和减轻工人劳动量等优点，已在各个行业的包装物流线中发挥重要作用。归纳起来，码垛机器人主要有以下优点：

1）占地面积小，动作范围大，减少厂源浪费。

2）能耗低，降低运行成本。

3）提高生产效率，避免工人繁重体力劳动，实现"无人"或"少人"码垛。

4）改善工人劳作条件，摆脱有毒害环境。

5）柔性高、适应性强，可对不同物料码垛。

6）定位准确，稳定性高。

码垛机器人作为工业机器人当中的一员，其结构形式和其他类型机器人相似，尤其是搬运机器人，二者在本体结构上没有太大区别，区别仅在于码垛机器人本体体积比搬运机器人本体体积大。因为在实际生产当中码垛机器人多为 4 轴且多数带有辅助连杆，用于增加力矩和保持平衡。码垛机器人多数不能进行横向或纵向移动，通常安装在物流线末端。常见的码垛机器人结构多为关节式、摆臂式和龙门式，如图 3-2-1 所示。

a) 关节式码垛机器人　　　　b) 摆臂式码垛机器人　　　　c) 龙门式码垛机器人

图 3-2-1　码垛机器人结构分类

二、码垛机器人系统组成

码垛机器人需要与相应的外围辅助设备组成一个柔性化系统，才能进行码垛作业。以关节式为例，常见的码垛机器人主要由本体、控制系统、码垛系统（气体发生装置、液压发生装置）和安全保护装置组成，如图 3-2-2 所示。操作者可通过示教器和操作面板进行码垛机器人运动位置和动作程序的示教，设定运动速度等码垛参数。

图 3-2-2　码垛机器人系统组成

1—机器人控制柜　2—示教器　3—气体发生装置　4—液压发生装置
5—机器人本体　6—夹板式手爪　7—底座

关节式码垛机器人常见本体多为 4 轴，也有 5 轴、6 轴码垛机器人，但在实际包装码垛物流线中应用相对较少。码垛主要在物流线末端进行，码垛机器人安装在底座（或固定座）上，其位置的高低由生产线高度、托盘高度及码垛层数共同决定。多数情况下，码垛作业精度要求低于机床上下料搬运精度，为节约成本、降低投入资金并提高效益，4 轴码垛机器人足以满足日常码垛要求。图 3-2-3 所示为 KUKA、FANUC、ABB、YASKAWA 四大生产商相应的码垛机器人本体结构。

a) KUKA KR 700PA   b) FANUC M-410iB

c) ABB IRB 660   d) YASKAWA MPL80

图 3-2-3　四大生产商码垛机器人本体

码垛机器人的末端执行器常见形式有吸附式、夹板式、抓取式、组合式。在此仅介绍夹板式、抓取式和组合式末端执行器。

1. 夹板式末端执行器

夹板式手爪是码垛过程中最常用的一类手爪，常见有单板式和双板式，如图 3-2-4 所示。夹板式手爪主要进行整箱或规则盒码垛，其夹持力度比吸附式手爪大，可一次码一箱（盒）或多箱（盒），并且两侧板光滑不会损坏码垛产品外观。不论单板式还是双板式的侧板一般都会有可旋转爪钩，工作状态下与侧板成 90°，起到撑托物件以防止其在高速运动中物料脱落的作用，需单独机构控制。

2. 抓取式末端执行器

抓取式手爪可灵活适应不同形状和内含物（如大米、沙砾、塑料、水泥或化肥等）物料袋的码垛。图 3-2-5 所示为 ABB 公司 IRB 460 和 IRB 660 码垛机器人配套专用的即插即用 Flex-Gripper 抓取式手爪，采用不锈钢制作，可胜任极端条件下的作业要求。

3. 组合式末端执行器

组合式手爪是一种通过组合以获得各单组手爪优势的末端执行器，灵活性较大，各单组

a) 单板式   b) 双板式

图 3-2-4 夹板式手爪

手爪之间既可单独使用又可配合使用，可同时进行多个工位的码垛，图 3-2-6 所示为 ABB 公司 IRB 460 和 IRB 660 码垛机器人配套专用的即插即用 FlexGripper 组合式手爪。

码垛机器人手爪的动作需靠单独外力驱动，并连接相应外部信号控制装置及传感系统，以控制手爪实时的动作状态及抓力的大小。其驱动方式多为气动和液压驱动。通常在保证相同夹紧力情况下，气动比液压负载轻、卫生、成本低且易获取，所以实际码垛中多以压缩空气为驱动力。

图 3-2-5 抓取式手爪

综上所述，码垛机器人由机器人本体及完成码垛排列控制的控制柜组成。码垛系统中末端执行器主要有吸附式、夹板式、抓取式和组合式等形式。

三、码垛机器人作业示教

工业机器人作业示教的一项重要内容——运动轨迹，即确定各程序点处工具中心点（TCP）的位姿。对码垛机器人而言，TCP 随末端执行器的不同而设置在不同位置。吸附式码垛机器人 TCP

图 3-2-6 组合式手爪

一般设在法兰中心线与吸盘所在平面交点的连线上并延伸一段距离，其长短依据吸附物料高度确定，如图 3-2-7a 所示；生产再现如图 3-2-7b 所示。夹板式和抓取式码垛机器人 TCP 一般设在法兰中心线与手爪前端面交点处，抓取式如图 3-2-8a 所示，生产再现如图 3-2-8b 所示；而组合式 TCP 设定点需依据主要作用的单组手爪确定。

用于包装物流生产线中的码垛机器人可分为关节式、龙门式或摆臂式，末端执行器可选择吸附式、夹板式、抓取式或组合式，依据码垛产品形状、重量等因素确定。通过前面任务的学习，在熟悉操作机器人本体基础上，结合常用码垛作业命令，即可完成码垛作业示教。现以图 3-2-9 所示 A 垛 I 位置的工件码垛为例，选择关节式（4 轴）码垛机器人，末端执行器为抓取式，采用在线示教方式为机器人输入码垛作业程序，阐述码垛作业编程，A 垛的 II、III、IV、V 位置可按 I 位置操作类似进行。该程序由编号 1~8 的 8 个程序点组成，各程序点的用途说明见表 3-2-1。具体作业编程可参照图 3-2-10 所示流程图开展。

a) 吸附式TCP

b) 生产再现

图 3-2-7 吸附式 TCP 及生产再现

物料高度

TCP

工具中心点在法兰中心线与吸盘平面的交点的连线上并延伸至距离等同于物料高度处

a) 抓取式TCP

b) 生产再现

图 3-2-8 抓取式 TCP 及生产再现

TCP

工具中心点在法兰中心线与手爪前端面的交点处

图 3-2-9 码垛机器人运动轨迹

表 3-2-1 程序点说明（码垛作业）

程序点	说明	手爪动作	程序点	说明	手爪动作
程序点 1	机器人原点	—	程序点 5	码垛中间点	抓取
程序点 2	码垛临近点	—	程序点 6	码垛作业点	放置
程序点 3	码垛作业点	抓取	程序点 7	码垛规避点	—
程序点 4	码垛中间点	抓取	程序点 8	机器人原点	—

1. 示教前准备

示教前应做好如下准备：

1）确认操作者与机器人之间保持安全距离。

2）机器人原点确认。通过机器人机械臂各关节处的标记或调用原点程序复位机器人。

2. 新建作业程序

单击示教器的相关菜单或按钮，新建一个作业程序，命令为"Pallet_bag"。

3. 程序点输入

在示教模式下，手动操作关节式码垛机器人按图3-2-9所示的轨迹从程序点1移至程序点8（程序点1和程序点8设置在同一点可提高作业效率）。此外各程序点需设置于与工件、夹具互不干涉的位置。具体示教方法见表3-2-2。

图 3-2-10　码垛机器人作业示教流程

表 3-2-2　码垛作业示教

程序点	示 教 方 法
程序点1（机器人原点）	(1)按手动操作机器人要领移动码垛机器人到码垛原点 (2)插补方式选"PTP" (3)确认保存程序点1为码垛机器人原点
程序点2（码垛临近点）	(1)手动操作码垛机器人,将其移动到码垛作业临近点,并调整手爪姿态 (2)插补方式选"PTP" (3)确认并保存程序点2为码垛机器人作业临近点
程序点3（码垛作业点）	(1)手动操作码垛机器人,将其移动到码垛起始点且保持手爪位姿不变 (2)插补方式选"直线插补" (3)再次确认程序点,保证其为作业起始点 (4)若有需要可直接输入码垛作业命令
程序点4（码垛中间点）	(1)手动操作码垛机器人,将其移动到码垛中间点,并适度调整手爪姿态 (2)插补方式选"直线插补" (3)确认保存程序点4为码垛机器人作业中间点
程序点5（码垛中间点）	(1)手动操作码垛机器人,将其移动到码垛中间点,并适度调整手爪姿态 (2)插补方式选"PTP" (3)确认保存程序点5为码垛机器人作业中间点
程序点6（码垛作业点）	(1)手动操作码垛机器人,将其移动到码垛终止点且调整手爪位姿以适合安放工件 (2)插补方式选"直线插补" (3)再次确认程序点,保证其为作业终止点 (4)若有需要可直接输入码垛作业命令
程序点7（码垛规避点）	(1)手动操作机器人,将其移动到作业规避点 (2)插补方式选"直线插补" (3)确认保存程序点7为码垛机器人作业规避点
程序点8（机器人原点）	(1)手动操作码垛机器人,将其移动到机器人原点 (2)插补方式选"PTP" (3)确认并保存程序点8为码垛机器人原点

4. 设定作业条件

码垛机器人的作业程序简单易懂，与6关节工业机器人程序均有类似之处，本例中码垛作业条件的输入主要是码垛参数的设定。

码垛参数设定包括 TCP 设定、物料重心设定、托盘坐标系设定、末端执行器姿态设定、物料重量设定、码垛层数设定和计时指令设定等。

5. 检查试运行

确认码垛机器人周围安全后按如下操作进行跟踪测试作业。

1）打开待测程序文件。

2）移动光标至程序开始位置。

3）按住示教器【跟踪功能键】，操作码垛机器人单步或连续运转。

6. 再现码垛

1）打开要再现的作业程序，移动光标至程序开始位置，将示教器上的【模式旋钮】设定到"再现/自动"状态。

2）按下【伺服 ON 按钮】，接通伺服电源。

3）按下【起动按钮】，码垛机器人开始运行。

码垛机器人编程时运动轨迹上的关键点坐标位置可通过示教或坐标赋值的方式进行设定，在实际生产中若托盘相对较大，可采用示教方式寻找关键点，能够节省大量时间；若产品尺寸同托盘尺寸较合理，可采用坐标赋值方式获取关键点。现依据图 3-2-11 所示码垛产品，说明如何获取关键点。图中黑点为产品的几何中心点，即需找到这些几何点在托盘上表面的垂直投影点所在位置。

例如产品外观尺寸为：1500mm×1000mm×40mm，托盘尺寸为：3000mm×2500mm×20mm，则由几何关系可得Ⅰ、Ⅱ、Ⅲ、Ⅳ、Ⅴ在托盘上表面的坐标依次为（750，500，0）、（750，1500，0）、（750，2500，0）、（2000，2250，0）、（2000，750，0）。在实际移动码垛机器人寻找关键点时，需要用到校准针，如图 3-2-12 所示。

图 3-2-11 码垛产品

图 3-2-12 校准针

第一层码垛示教完毕，第二层只需在第一层的基础上将 Z 方向加上产品高度 40mm 即可，示教方式如同第一层，第三层可调用第一层程序并在第二层的基础上加上产品高度，第四层可调用第二层程序并应在第三层的基础上加上产品高度，以此类推，之后将编写程序存入运动指令中。插补方式常为"PTP"或"直线插补"，即可满足基本码垛要求，但对于改造或优化生产线等情况，一般需要在离线编程软件上建立相应模型，模拟实际生产环境，且码垛机器人作业程序的编制、运动轨迹坐标位置的获取以及程序的调试均在一台计算机上独立完成即可，不需要机器人本身的参与。例如 ABB 公司的 RobotStudio Palletizing PowerPac 专业码垛软件，极大地加快了码垛程序输入能力，节约工时、降低成本、易于控制生产节拍，可达到优化的目的，并在减少出错的同时减轻程序员的劳动强度。

四、码垛机器人外围设备与工位布局

码垛机器人工作站是一种集成化系统，可与生产系统相连接形成一个完整的集成化包装码垛生产线。用机器人完成一项码垛工作，除需要码垛机器人（机器人和码垛设备）外，还需要一些外围辅助设备。同时，为节约生产空间，合理的机器人工位布局也尤为重要。

1. 外围设备

常见码垛机器人外围辅助装置有金属检测机、重量复检机、自动剔除机、倒袋机、整形机、待码输送机、传送带和码垛系统等装置。

（1）金属检测机　对于有些码垛场合，像对食品、医药、化妆品和纺织品等的码垛，为防止在生产制造过程中混入金属等异物，需要使用金属检测机进行流水线检测，如图 3-2-13 所示。

（2）重量复检机　重量复检机在自动化码垛流水作业中起重要作用，其可以检测出前道工序是否漏装或多装，并对合格品、欠重品和超重品进行统计，进而达到产品质量控制，如图 3-2-14 所示。

图 3-2-13　金属检测机

图 3-2-14　重量复检机

（3）自动剔除机　自动剔除机安装在金属检测机和重量复检机之后，主要用于剔除含金属异物及重量不合格的产品，如图 3-2-15 所示。

（4）倒袋机　倒袋机是将输送过来的袋装码垛物按照预定程序进行输送、倒袋、转位等操作，以使码垛物按流程进入后续工序，如图 3-2-16 所示。

图 3-2-15　重量复检机集成的剔除机

图 3-2-16　倒袋机

（5）整形机　主要针对袋装码垛物的外形进行整形，经整形机整形后袋装码垛物内可能存在的积聚物会均匀分散，外形整齐，之后进入后续工序，如图 3-2-17 所示。

（6）待码输送机　待码输送机是码垛机器人生产线的专用输送设备，码垛货物聚集于此，便于码垛机器人末端执行器抓取，可提高码垛机器人的灵活性，如图 3-2-18 所示。

（7）传送带　传送带是自动化码垛生产线上必不可少的一个环节，针对不同的厂源条件可选择不同的形式，如图 3-2-19 所示。

图 3-2-17　整形机

图 3-2-18　待码输送机

a) 组合式

b) 转弯式

图 3-2-19　传送带

（8）码垛系统　该内容可参见前面任务搬运系统的相关部分，不再赘述。

2．工位布局

码垛机器人工作站的布局是以提高生产效率、节约场地、实现最佳物流码垛为目的，在实际生产中，常见的码垛工作站布局主要有全面式码垛和集中式码垛两种。

（1）全面式码垛　码垛机器人安装在生产线末端，可针对一条或两条生产线，具有降低输送线成本与占地面积，提高生产灵活性和产量等优点，如图 3-2-20 所示。

图 3-2-20　全面式码垛

（2）集中式码垛　码垛机器人被集中安装在某一区域，可将所有生产线集中在一起，尽管增加了输送线成本，但是能够节省生产区域资源和人员维护成本，仅需一名工人便可操纵全部机器人，如图 3-2-21 所示。

在实际生产码垛中，按码垛进出情况常规划有一进一出、一进两出、两进两出和四进四出等形式。具体情况如下：

1）一进一出。一进一出用于厂房相对较小且码垛线生产比较繁忙的情况，此形式托盘分布在机器人左侧或右侧，码垛速度较快，缺点是需要人工更换托盘，浪费时间，如图 3-2-22 所示。

2）一进两出。在一进一出的基础上添加输出托盘，一侧满盘信号输入，机器人不会停止

图 3-2-21 集中式码垛

等待，直接码垛另一侧，码垛效率明显提高，如图 3-2-23 所示。

图 3-2-22 一进一出

图 3-2-23 一进两出

3）两进两出。两进两出是两条输送链输入，两条码垛输出，多数两进两出系统无须人工干预，由码垛机器人自动定位摆放托盘，是目前应用最多，也是性价比最高的一种码垛形式，如图 3-2-24 所示。

4）四进四出。四进四出系统多配有自动更换托盘功能，主要应用于多条生产线的中等产量或高产量的码垛，如图 3-2-25 所示。

图 3-2-24 两进两出

图 3-2-25 四进四出

任务实施

一、任务准备

实施本任务教学所使用的实训设备及工具材料见表 3-2-3。

表 3-2-3　实训设备及工具材料

序号	分类	名称	型号规格	数量	单位	备注
1	工具	内六角扳手	3.0mm	1	个	工具墙
2		内六角扳手	4.0mm	1	个	工具墙
3	设备器材	内六角螺钉	M4	4	颗	工具墙蓝色盒
4		内六角螺钉	M5	4	颗	工具墙黄色盒
5		储料板		1	个	物料间领料
6		单吸盘夹具		1	个	物料间领料
7		码垛单元		1	套	物料间领料

二、认识工业机器人码垛单元工作站

图 3-2-26 所示是工业机器人码垛单元工作站，其码垛模型结构如图 3-2-27 所示。本任务采用示教编程方法，操作机器人实现零件码垛单元的示教。

具体控制要求如下：

1. 实训模式

确保各个信号正确连接。当拍下控制面板上急停按钮 QS 后，机器人紧急停止并报警。在自动模式时可通过面板按钮 SB1 控制机器人电动机上电、按钮 SB2 控制机器人从主程序开始运行，通过按钮 SB3 可控制机器人停止，通过按钮 SB4 可控制机器人起动、指示灯 H1 显示机器人自动运行状态、指示灯 H2 显示电动机上电状态。

2. 演示模式

采用可编程序控制器（PLC）对机器人状态信号进行控制。当机器人切换至自动模式时 HR 指示灯亮起，表示系统准备就绪，且处于停止状态。按下 SB1 系统起动按钮，HG 运行指示灯亮起，HR 指示灯灭掉。同时机器人上电运行，开始码垛工作。码垛工作结束后回到工作原点位置后停止，且 HR 灯亮起表示系统停止。

图 3-2-26　工业机器人码垛单元工作站

图 3-2-27　码垛模型结构

三、码垛模型安装

把码垛放置到实训平台上任意合适位置，用螺钉将其固定到实训平台上，如图 3-2-28 所示。

四、吸盘夹具及夹具电路和气路安装

1. 吸盘夹具安装

首先将与机器人的连接法兰安装至机器人6轴法兰盘上，然后再把吸盘夹具安装至连接法兰上，如图3-2-29所示。

2. 夹具电路及气路安装

1）用合适的气管把吸盘手爪、真空发生器和电磁阀连接好，并用扎带固定。

2）按照图3-2-30所示接线图将电磁阀电路与集成信号接线端子盒正确连接。

图 3-2-28　码垛模型安装

五、设计控制原理框图

根据控制要求，设计控制原理方框图（见图3-2-31）。

图 3-2-29　单吸盘夹具安装

图 3-2-30　吸盘手爪夹具电磁阀接线图

图 3-2-31 控制原理框图

六、码垛吸盘夹具数据设定

该工作站中，工具部件为吸盘。因其外形较为规整，可以直接测量得出相关数据进行项目创建。此处新建的吸盘工具坐标系相对于 tool0 沿着其 Z 轴正方向偏移 65mm，沿着其 X 轴正方向偏移 83mm，方向沿用 tool0 方向。具体操作步骤如下：

1）进入示教器，单击"ABB"菜单进入"手动操纵"，选择"工具坐标"中的"新建"，如图 3-2-32 所示。

2）分别设定"名称""范围""存储类型""任务"和"模块"等，然后单击"确定"，如图 3-2-33 所示。

图 3-2-32 手动操纵界面

图 3-2-33 新建任务

3）选择 tool1，单击"编辑"中的"更改值"对 tool1 工具数据进行设定，如图 3-2-34 所示。

4）TCP 点偏移设定，如图 3-2-35 所示。

5）工具夹具重量设定（也可不设定），如图 3-2-36 所示。

6）工具夹具重心点设定，如图 3-2-37 所示。

7）工具数据的三个数据设定完毕后，单击"确定"，回到工具坐标选项界面，工具数据设定完成，如图 3-2-38 所示。

图 3-2-34　数据设定

图 3-2-35　TCP 点偏移设定

图 3-2-36　工具夹具重量设定

图 3-2-37　工具夹具重心点设定

七、设计两种模式下 I/O 分配表

1. 演示模式 I/O 分配表

PLC 控制柜的配线已经完成。PLC 输入信号 X26～X37 对应机器人输出信号 DO1～DO10，PLC 输出信号 Y26～Y37 对应机器人输入信号 DI1～DI10。根据工作站任务要求对机器人 I/O 信号 System Input、System Output 进行配置见表 3-2-4。

2. 实训模式 I/O 分配表

所有信号均分布在面板上，根据工作站任务要求进行配置，见表 3-2-5。

图 3-2-38　工具数据设定完毕画面

表 3-2-4　演示模式 I/O 分配

PLC 输出信号		机器人输入信号		
PLC 地址	功能	信号（Signal）	系统输入（System Input）	类型（Argument）
Y26	电动机上电	DI1	MotorOn	
Y27	机器人从主程序首条起动	DI2	StartMain	CYCLE
Y30	机器人停止	DI3	Stop	
Y31	机器人起动	DI4	Start	CYCLE
Y32	机器人急停复位	DI5	ResetEStop	
Y06	机器人外部停止	机器人控制器外部急停信号		
Y05	HG（面板）运行指示灯			
Y04	HR（面板）停止指示灯			
PLC 输入信号		机器人输出信号		
PLC 地址	功能	信号（Signal）	系统输出（System Output）	
X26	机器电动机已上电	DO1	MotorOnState	
X27	自动运行状态	DO2	AutoOn	
X30	机器人工作完成	DO3		
X31	机器人紧急停止输入	DO4	EStop	
X01	（面板）起动按钮 SB1			
X02	（面板）复位按钮 SB2			
X03	（面板）暂停按钮 SB3			
X04	（面板）急停按钮 QS1			

表 3-2-5　实训模式 I/O 分配

面板按钮	信号（Signal）	系统输入（System Input）	类型（Argument）
SB1	DI1	MotorOn	
SB2	DI2	StartMain	CYCLE
SB3	DI3	Stop	
SB4	DI4	Start	CYCLE
面板指示灯	信号（Signal）	系统输出（System Output）	
H1	DO1	AutoOn	
H2	DO2	MotorOn	

八、线路安装

1.“演示模式”下接线

“演示模式”下 PLC 控制柜内配线已完成，不需要另外接。

2.“实训模式”下接线

1）根据表 3-2-5 所示，完成机器人 I/O 信号和系统信号的关联配置。

2）采用安全连线将工作台夹具执行信号 YA08 与机器人输出信号 DO16 进行连接。由机器人 DO16 信号直接控制手抓吸盘动作。

3）机器人的 2 组外部急停信号，必须接至控制柜面板急停按钮 QS 上。注意外部急停信号 ES1_ A 对应 ES1_ B，ES2_ A 对应 ES2_ B。

4）根据机器人 I/O 配置表 3-2-4 所示，使用安全连线把机器人输入信号接到面板上对应的按钮，按钮公共端接 0V；机器人输出信号接入面板指示灯中，指示灯公共端接 24V。

九、PLC 程序设计

PLC 的控制要求如下：

1）机器人处于自动模式且无报警状态时，HR 指示灯点亮，表示系统就绪且处于停止状态。

2）按下按钮 SB1，系统起动，机器人开始动作，同时 HG 面板运行指示灯亮起，表示系统处于运行状态。

3）按下按钮 SB3，系统暂停，机器人动作停止。再次按下起动按钮 SB1 时机器人按照上次停止前的动作继续运行。

4）按下按钮 QS1 系统紧急停止，机器人报警。按下复位按钮 SB2 后，解除机器人急停报警状态。

参照表 3-2-4，设计 PLC 梯形图（机器人起动部分）如图 3-2-39 所示。

图 3-2-39　PLC 梯形图程序（机器人起动部分）

十、确定机器人运动所需示教点

码垛套件可自由组合排列多种码垛方式。现对第一层（底层）是正方形（见图 3-2-40），第二层（上层）是长方形（见图 3-2-41）的码垛套件进行分析。

根据上述码垛要求分析并设计机器人的运行轨迹分布，如图 3-2-42 所示，可确定其运动所需的示教点见表 3-2-6。

十一、机器人程序编写

根据机器人运动轨迹编写机器人程序时，首先根据控制要求绘制机器人程序流程图，然后编写机器人主程序和子程序。子程序主要包括机器人初始化子程序、搬运子程序、码垛子程序。编写子程序前要先设计好机器人的运行轨迹并定义好机器人的程序点。

图 3-2-40　第一层物料

图 3-2-41　第二层物料

表 3-2-6　机器人运动轨迹示教点

序号	点序号	注释	备注
1	Home	机器人初始位置	需示教
2	Pick10	第一个正方形物料吸取位置	需示教
3	Pick20	第一个长方形物料吸取位置	需示教
4	Place10	第一个正方形物料码放位置	需示教
5	Place20	第一个长方形物料码放位置	需示教

1. 设计机器人程序流程图

根据控制功能，设计机器人程序流程图，如图 3-2-43 所示。

图 3-2-42　机器人运行轨迹分布图

图 3-2-43　机器人程序流程图

2. 系统输入输出设定

参照前面任务所述的方法进行系统输入输出的设定，不再赘述。

3. 机器人程序设计

机器人参考程序如下：

MODULE Module1

PERSrobtarget！定义抓取位置 pPick：＝［［110，120，8.99964］，［0.00133181，－0.707106，0.707105，0.0013337］，［0，0，－1，1］，［9E＋09，9E＋09，9E＋09，9E＋09，9E＋09，9E＋09］］；

```
    PERS  robtarget  pPlace：= [[408.318, 120.174, 29.9959], [0.00135775, - 0.707105,
0.707106,0.00135736],[-1,-1,0,1],[9E+09,9E+09,9E+09,9E+09,9E+09,9E+09]];
    PERS robtarget pick10：= [[50.000008299, 60.000278956, 8.999641126], [0.001331814, -
0.707106004,0.707105046,0.001333695],[0,0,-1,1],[9E9,9E9,9E9,9E9,9E9,9E9]];
    PERS robtarget pick20：= [[170.000044143, 60.000734923, 9.000068323], [0.001357564, -
0.70710516,0.707105795,0.001357593],[0,0,-1,1],[9E9,9E9,9E9,9E9,9E9,9E9]];
    PERS robtarget place10：= [[348.318011656,60.173918809,29.995924403],[0.001357753,
-0.707105332,0.707105624,0.001357359],[-1,-1,0,1],[9E9,9E9,9E9,9E9,9E9,9E9]];
    PERS robtarget place20：= [[348.317974854,60.173932819,39.995779856],[0.001357641,
-0.70710551,0.707105446,0.001357477],[-1,-1,0,1],[9E9,9E9,9E9,9E9,9E9,9E9]];
    PERS robtarget pHome：= [[232.436865395,68.577571926,378.543737511],[0.00135751,
-0.707105688,0.707105269,0.001357411],[-1,-1,0,1],[9E9,9E9,9E9,9E9,9E9,9E9]];
    PERS num nCount：= 0;
    TASK PERS tooldata tool1：= [TRUE,[[83,0,65],[1,0,0,0]],[1,[0,0,60],[1,0,0,0],
0,0,0]];
    TASK PERS wobjdata wobj1：= [FALSE,TRUE,"",[[0,0,0],[1,0,0,0]],[[0,0,0],[1,
0,0,0]]];
    ! 主程序开始
    PROC MAIN()
    rIntiAll；! 调用初始化子程序
    WHILE TRUE DO ! 循环
    rPick；! 搬运子程序
    rPlace；! 码放子程序
    ENDWHILE
    ENDPROC
    ! 初始化子程序
        PROC rIntiAll()
        AccSet 100,100;
        VelSet 50,5000;! 速度设置
        nCount：= 1;
        reg1：= 30;! 正方形物料的长宽均为 30,长方形物料的宽也为 30
        reg2：= 60;! 长方形物料 Y 方向上的偏移量

        reg3：= 0;
        Reset d0_16;
        MoveJ pHome,v1000,z10,Gripper_1\WObj：= Workobject_1;
        WaitTime 0.1;
        ENDPROC
    ! 搬运子程序
    PROC rPick()
            CallPos；! 调用 POS 子程序对当前的搬运位置进行计算
            MoveJ offs(pPick,0,0,50), v1000, z50, Gripper_1\WObj：= Workobject_1;
            MoveL pPick,v50,fine,Gripper_1\WObj：= Workobject_1;
            Set do_16;
```

```
                WaitTime 0. 8;
                MoveL offs( pPick,0,0,50) ,v800,fine,Gripper_1\WObj: = Workobject_1;
        ENDPROC
        PROC rPlace( )
                MoveL offs( pPlace,0,0,50) ,v1000,z50,Gripper_1\WObj: = Workobject_1;
                MoveL pPlace,v50,fine,Gripper_1\WObj: = Workobject_1;
                Reset do_16;
                WaitTime 0. 8;
                MoveL offs( pPlace,0,0,50) ,v800,fine,Gripper_1\WObj: = Workobject_1;
                rPlaceRD;
        ENDPROC
        ! POS 子程序用于计算当前吸盘的拾取点位置和码放位置
            PROC CallPos( )
            TEST nCount ! 判断 nCount 计数值
            CASE 1:! nCount 等于 1 时直接对 pPick 点和 pPlace 点进行赋值,不偏移
            pPick: = Offs( pick10,0,0,0);
            pPlace: = Offs( place10,0,0,0);
            CASE 2:! nCount 等于 2 时直接对 pPick 点 和 pPlace 点进行赋值,X 方向偏移 reg1 距离
            pPick: = Offs( pick10,reg1,0,0);
            pPlace: = Offs( place10,reg1,0,0);
            CASE 3:! 下同
            pPick: = Offs( pick10,reg1 * 2,0,0);
            pPlace: = Offs( place10,reg1 * 2,0,0);
            CASE 4:
            pPick: = Offs( pick10,reg1 * 3,0,0);
            pPlace: = Offs( place10,reg1 * 3,0,0);
            CASE 5:
            pPick: = Offs( pick10,0,reg2,0);
            pPlace: = Offs( place10,0,reg2,0);
            CASE 6:
            pPick: = Offs( pick10,reg1,reg2,0);
            pPlace: = Offs( place10,reg1,reg2,0);
            CASE 7:
            pPick: = Offs( pick10,reg1 * 2,reg2,0);
            pPlace: = Offs( place10,reg1 * 2,reg2,0);
            CASE 8:
            pPick: = Offs( pick10,reg1 * 3,reg2,0);
            pPlace: = Offs( place10,reg1 * 3,reg2,0);
            DEFAULT:
        ENDTEST
            IF nCount>8 and nCount<13 THEN! 如果 nCount = 9、10、11、12 时开始搬运正方形物料
                pPick: = Offs( pick20,reg1 * reg3,0,0);
                pPlace: = Offs( place20,reg1 * reg3,0,0);
            ELSEIF nCount>12 and nCount<17 THEN
```

```
        pPick：=Offs(pick20,reg1*reg3,reg1,0);
        pPlace：=Offs(place20,reg1*reg3,reg1,0);
    ELSEIF nCount>16 and nCount<21 THEN
        pPick：=Offs(pick20,reg1*reg3,reg1*2,0);
        pPlace：=Offs(place20,reg1*reg3,reg1*2,0);
    ELSEIF nCount>20 and nCount<25 THEN
        pPick：=Offs(pick20,reg1*reg3,reg1*3,0);
        pPlace：=Offs(place20,reg1*reg3,reg1*3,0);
    ENDIF
    ENDPROC
    PROC rPlaceRD()
        nCount：=nCount+1;
        Incr reg3;
IF          reg3>3 THEN
            reg3：=0;
ENDIF
IF          nCount>24 THEN
            TPErase;
            TPWrite"Pick&Place done,the robot will stop!";
            nCount：=1;
            Reset do_Grip;
            MoveJ pHome,v1000,z10,Gripper_1\WObj：=Workobject_1;
            Stop;
            ENDIF
            ENDPROC
            ENDMODULE
```

4. 程序数据修改

1）机器人程序位置点修改。手动操纵机器人到待修改点的位置，进入"程序数据"中的"robtarget"（机器人点位置数据修改）数据，选择待修改的点，单击"编辑"中的"修改位置"完成修改，如图 3-2-44 所示。

图 3-2-44　机器人程序位置点修改

2）同理，依次完成其他点的数据修改。

任务测评

对任务实施的完成情况进行检查，并将结果填入表 3-2-7 内。

表 3-2-7　任务测评表

序号	主要内容	考核要求	评分标准	配分	扣分	得分
1	安装	夹具与模块固定牢紧，不缺少螺钉	1. 夹具与模块安装位置不合适,扣 5 分 2. 夹具或模块松动,扣 5 分 3. 损坏夹具或模块,扣 10 分 4. 面板插线松动,未按工艺要求插线扣 5 分	20		
2	机器人程序设计与示教操作	I/O 配置完整,程序设计正确,机器人示教正确	1. 操作机器人动作不规范,扣 5 分 2. 机器人未能完成物料码垛,每个物料扣 2 分 3. 缺少 I/O 配置,每个扣 1 分 4. 程序缺少输出信号设计,每个扣 1 分 5. 工具坐标系定义错误或缺失,每个扣 5 分 6. 演示模式时未能通过 PLC 程序正常进行系统集成,扣 20 分 7. 实训模式时未能通过面板插线的按钮正常起动机器人,扣 10 分	70		
3	安全文明生产	劳动保护用品穿戴整齐;遵守操作规程;讲文明礼貌;操作结束要清理现场	1. 操作中,违反安全文明生产考核要求的任何一项扣 5 分,扣完为止 2. 当发现学生有重大事故隐患时,要立即予以制止,并每次扣安全文明生产总分 5 分	10		
合计				100		
开始时间：			结束时间：			

巩固与提高

一、填空题（将正确答案填入括号内）

1. 从结构形式上看，码垛机器人可分为_____、_____和关节式码垛机器人。

2. 码垛机器人常见的末端执行器分_____、_____、_____和_____。

3. 码垛机器人工作站按进出物料方式可分为_____、_____、_____和四进四出形式。

4. 码垛机器人系统主要由_____、_____、_____、_____和安全保护装置组成。

二、选择题（将正确答案的序号填入括号内）

1. 在实际生产当中常见码垛机器人工作站的布局是（　　　）。

① 全面式码垛　　② 集中式码垛　　③ 一进一出码垛　　④ 四进四出式码垛

⑤ 一进两出式码垛　　⑥ 三进三出式码垛

A.①②　　B.①②③　　C.③④⑤⑥　　D.③④⑤

2. 对医药品码垛工作站而言，码垛辅助设备主要有（　　）。

① 金属检测机　　② 重复复检机　　③ 自动剔除机　　④ 倒袋机　　⑤ 整形机

⑥ 待码输送机　　⑦ 传送带　　⑧ 码垛系统装置　　⑨ 安全保护装置

A.①②③⑦⑧⑨　　B.①③⑤⑦⑧⑨　　C.②③④⑦⑧⑨

D.①②③④⑤⑥⑦⑧⑨

三、判断题（正确的打"√"，错误的打"×"）

（　　）1. 关节式码垛机器人本体与关节式搬运机器人没有任何区别，在任何情况下都可以互换。

（　　）2. 关于码垛机器人的 TCP 点，吸附式多设在法兰中心线与吸盘所在平面交点的连线上并延伸一段距离，这段距离等同于物料高度，而夹板式同抓取式多设在法兰中心线与手爪前端面交点处。

四、综合应用题

1. 简述码垛机器人与搬运机器人的异同点。

2. 如图 3-2-45 所示为某食品包装流水生产线，主要由产品生产供给线、小箱输送包装线和大箱输送包装线等部分构成。依图画出 A 位置码垛运动轨迹示意图（按照 2-3、3-2 码垛）。

3. 依图 3-2-37 所示，并结合 A 点位置示教过程完成表 3-2-8（请在相应选项下打"√"或选择符号。阴影部分为码垛机器人的原点，产品外观尺寸为 1800mm×1200mm×30mm，托盘尺寸为 3600mm×3000mm×20mm）。

图 3-2-45 某食品包装流水生产线

Ⅰ—产品生产供给线　Ⅱ—小箱输送包装线　Ⅲ—大箱输送包装线

表 3-2-8 码垛作业示教

程序点	码垛作业		插补方式	
	作业点	①原点；②中间点；③规避点；④临近点	PTP	直线插补

任务3 装配机器人及其操作应用

学习目标

知识目标：1. 了解装配机器人的分类及特点。
2. 掌握装配机器人的系统组成及功能。
3. 熟悉装配机器人作业示教的基本流程。
4. 熟悉装配机器人周边设备与布局。

能力目标：1. 能够识别装配机器人工作站基本构成。
2. 能够进行装配机器人的简单作业示教。

工作任务

随着生产制造业产能的瓶颈日益凸显，各大生产制造企业为解放生产力、提高生产率、解决"用工荒"问题，以更好地发展而绞尽脑汁。装配机器人的出现，为这一困局提供了破解之道。目前装配机器人在工业机器人应用领域中占有量相对较少，其主要原因是其本体要比搬运、涂装和焊接机器人本体复杂，且机器人装配技术仍有一些有待解决的问题，例如缺乏感知和自适应控制能力，难以完成变动环境中的复杂装配等。尽管装配机器人存在一定局限，但是对装配领域有重要意义也已成为未来机器人技术发展的焦点之一。

本任务的内容是：通过学习，掌握装配机器人的分类、特点、基本系统组成和典型外围设备，并能掌握装配机器人作业示教的基本要领和注意事项。

相关知识

一、装配机器人分类及特点

1. 装配机器人特点

装配机器人是工业生产中对零件或部件进行装配的一类工业机器人。作为柔性自动化装配的核心设备，装配机器人的主要优点如下：

1）动作迅速，加速性能好，可以缩短工作循环时间。
2）具有极高的重复定位精度，保证装配质量。
3）提高生产效率，避免工人繁重体力劳动。
4）改善工人劳作条件，摆脱有毒、辐射装配环境。
5）可靠性高，适应性强，稳定性高。

2. 装配机器人分类

装配机器人大多由4~6轴组成，目前市场上常见的装配机器人，按臂部运动形式可分为直角式和关节式两种。其中关节式装配机器人又可分为水平串联关节式、垂直串联关节式和并联关节式机器人，如图3-3-1所示。

（1）直角式装配机器人 直角式装配机器人又称为单轴机械手，以 X-Y-Z 直角坐标系统为参考系，采用整体结构模块化设计，是目前工业机器人中最简单的一类，具有操作和编程简单等优点，可用于零部件移送、简单插入以及旋拧等作业，机构上多装备球形螺钉和伺服电动机，具有速度快、精度高等特点。现已广泛应用于节能灯、电子类产品和液晶屏装配等

a) 直角式

b) 水平串联关节式

c) 垂直串联关节式

d) 并联关节式

图 3-3-1　装配机器人

场合，如图 3-3-2 所示。

（2）关节式装配机器人　关节式装配机器人具有结构紧凑、占地空间小、相对工作空间大、自由度高，适合几乎任意轨迹或角度工作，编程自由，动作灵活，易实现自动化生产等特点。

1）水平串联式装配机器人。它又称为平面关节型装配机器人或 SCARA 机器人，是目前装配生产线上应用数量最多的一类装配机器人，属于精密型装配机器人，具有速度快、精度高以及柔性好等特点，多为交流伺服电动机驱动，保证其较高的重复定位精度，可广泛应用于电子、机械和轻工业等产品的装配，满足工厂柔性化生产需求，如图 3-3-3 所示。

图 3-3-2　直角式装配机器人装配缸体

图 3-3-3　水平串联式装配机器人拾放超薄硅片

2）垂直串联式装配机器人。垂直串联式装配机器人多为 6 个自由度，可在空间任意位置确定任意位姿。图 3-3-4 所示为采用 FAUNC LR Mate200iC 垂直串联式装配机器人，进行摩托车零部件的装配作业。

3）并联式装配机器人。它也称为拳头机器人、蜘蛛机器人或 Delta 机器人，是一种轻型、结构紧凑的高速装配机器人，可安装在任意倾斜角度上，独特的并联机构可实现快速动作且减少了非积累定位误差。目前并联式装配机器人有

图 3-3-4　垂直串联式装配机器人装配摩托车零部件

两种形式可供选择，即三轴手腕（合计六轴）和一轴手腕（合计四轴），广泛应用于 IT 和电子装配等领域。图 3-3-5 所示是采用两套 FAUNC M-1iA 并联式装配机器人进行键盘装配作业的场景。

图 3-3-5　并联式装配机器人组装键盘

实际应用中无论是直角式装配机器人还是关节式装配机器人都有如下特性：
1）能够实时调节生产节拍和末端执行器动作状态。
2）可方便、快捷地更换不同末端执行器以适应装配任务的变化。
3）能够与零件供给器和输送装置等辅助设备集成，实现柔性化生产。
4）配备有多种传感器，如视觉传感器、触觉传感器和力觉传感器等，以保证装配任务的精确性。

二、装配机器人系统组成

装配机器人系统主要由机器人本体、控制系统、装配系统（手爪、气体发生装置、真空发生装置或电动装置）、传感系统和安全保护装置等组成，如图 3-3-6 所示。操作者可通过示教器和操作面板进行装配机器人运动位置和动作程序的示教，并设定运动速度和装配动作及参数等。

图 3-3-6　装配机器人系统组成

1—机器人控制柜　2—示教器　3—气体发生装置　4—真空发生装置
5—机器人本体　6—视觉传感器　7—气动手爪

随着社会需求的增长和技术的进步，装配机器人行业也得到迅速发展，多品种、少批量生产方式和为提高产品质量及生产效率的生产工艺需求，成为推动装配机器人发展的直接动力，各个机器人生产厂家也不断推出新机型以适合装配生产线"自动化"和"柔性化"需求。图 3-3-7 所示为 KUKA、FANUC、ABB、YASKAWA 四大生产商所生产的主流装配机器人本体。

a) KUKA KR 10 SCARA R600

b) FANUC M-2iA

c) ABB IRB 360

d) YASKAWA MYS850L

图 3-3-7　四大家生产商配机器人本体

1. 装配机器人末端执行器

装配机器人的末端执行器类似于搬运和码垛机器人的末端执行器，常见形式有吸附式、夹钳式、专用式和组合式。

（1）吸附式　吸附式末端执行器多应用于电视、录音机或鼠标等轻小工件的装配场合。其原理和特点可参考搬运机器人的有关内容，不再赘述。

（2）夹钳式　夹钳式手爪是装配过程中最常用的一类手爪，多采用气动或伺服电动机驱动，闭环控制，配备传感器可实现准确控制手爪起动、停止及其转速，并对外部信号做出准确反应。夹钳式装配手爪具有重量轻、出力大、速度高、惯性小、灵敏度高、转动平滑以及力矩稳定等特点，其结构类似于搬运机器人夹钳式手爪，但又比搬运机器人夹钳式手爪精度更高，柔性更好，如图 3-3-8 所示。

（3）专用式　专用式手爪是针对某一类装配场合单独设计的末端执行器，且部分带有磁力，常用于螺钉螺栓的装配，同样也多采用气动或伺服电动机驱动，如图 3-3-9 所示。

（4）组合式　组合式末端执行器是通过组合获得各单组手爪优势的一类手爪，灵活性较大，多用于机器人需要相互配合装配的场合，可节约时间，提高效率，如图 3-3-10 所示。

图 3-3-8　夹钳式手爪　　　图 3-3-9　专用式手爪　　　图 3-3-10　组合式手爪

2. 传感系统

带有传感系统的装配机器人可更好地完成对销、轴、螺钉以及螺栓等的柔性化装配作业，在其作业中常用到视觉传感系统和触觉传感系统。

（1）视觉传感系统　配备视觉传感系统的装配机器人可依据需要选择合适的装配零件，并进行粗定位和位置补偿，完成零件平面测量，现状识别。其视觉传感系统原理如图 3-3-11 所示。

图 3-3-11　视觉传感系统原理

（2）触觉传感系统　机器人触觉可分为接触觉、接近触觉、压觉、滑觉和力觉等五种。在装配机器人进行简单工作过程中常用到的有接触觉、接近触觉和力觉等传感器，主要是实时检测机器人与被装配物件之间的配合。

1）接触觉传感器。接触觉传感器一般固定在末端执行器的顶端，只有末端执行器与被装配物件相互接触时才起作用。接触觉传感器由微动开关组成，如图 3-3-12 所示。其用途不同配置也不同，可用于探测物体位置、路径和安全保护，属于分散装置，即需要将传感器逐个安装到末端执行器敏感部位。

a) 点式　　b) 棒式　　c) 缓冲器式　　d) 平板式　　e) 环式

图 3-3-12　接触觉传感器

2）接近觉传感器。接近觉传感器同样固定在末端执行器的顶端，在末端执行器与被装配物件接触前起作用，能测出二者之间的距离、相对角度甚至表面性质等，属于非接触式传感，常见接近觉传感器如图 3-3-13 所示。

图 3-3-13　接近觉传感器

3）力觉传感器。力觉传感器普遍用于各类机器人中，在装配机器人中力觉传感器不仅用于末端执行器与环境作用过程中受力情况的测量，而且用于装配机器人自身运动控制和末端执行器夹持物体的夹持力测量等场合。常见装配机器人力觉传感器分类如下：

① 关节力传感器，即安装在机器人关节驱动器的力觉传感器，主要测量驱动器本身的输出力和力矩。

② 腕力传感器，即安装在末端执行器和机器人最后一个关节间的力觉传感器，主要测量作用在末端执行器各个方向上的力和力矩。

③ 指力传感器，即安装在手爪指关节上的传感器，主要测量夹持物件的受力状况。

关节力传感器测量关节受力，信息量单一，结构也相对简单；指力传感器的测量范围相对较窄，也受到手爪尺寸和重量的限制；而腕力传感器是一种相对较复杂的传感器，能获得手爪三个方向的受力情况，信息量较多，安装部位特别，如图 3-3-14 所示。

综上所述，装配机器人主要包括机器人、装配系统及传感系统。机器人由装配机器人本体及控制装配过程的控制柜组成；装配系统中末端执行器包括吸附式、夹钳式、专用式和组合式；传感系统包括视觉传感系统和触觉传感系统。

a) Draper Waston腕力传感器　　b) SRI六维腕力传感器　　c) 林顿-腕力传感器　　d) 非径向中心对称三梁腕力传感器

图 3-3-14　腕力传感器

三、装配机器人作业示教

装配机器人作业示教与其他工业机器人作业示教一样，需要确定运动轨迹，即确定各程序点处工具中心点（TCP）的位姿。对于装配机器人，末端执行器结构不同，TCP 点设置也不同，吸附式或夹钳式可参考搬运机器人 TCP 点的设定；专用式（拧螺栓）TCP 一般设在法兰中心线与手爪前端平面交点处，如图 3-3-15a 所示，生产再现如图 3-3-15b 所示；组合式TCP 设定点需依据起主要作用的单组手爪确定。

TCP

工具中心在法兰中心线与专用手爪前端平面交点处

a) 拧螺栓手爪TCP　　b) 生产再现

图 3-3-15　专用式末端执行器 TCP 点及生产再现

1. 螺栓紧固作业

现以图 3-3-16 所示的工件 A 螺纹孔紧固装配为例，选择直角式（或 SCARA）装配机器人，末端执行器为专用式螺栓手爪，采用在线示教方式为机器人输入装配作业程序，阐述装配作业编程，B、C、D 螺纹孔紧固可按照 A 螺纹孔操作进行扩展。该程序由编号 1~9 的 9 个

图 3-3-16　螺栓紧固机器人运动轨迹

程序点组成，各程序点的用途说明见 3-3-1。具体作业编程可参照图 3-3-17 所示流程开展。

表 3-3-1 程序点说明（螺栓紧固作业）

程序点	说明	手爪动作	程序点	说明	手爪动作
程序点 1	机器人原点	—	程序点 6	装配临近点	抓取
程序点 2	取料临近点	—	程序点 7	装配作业点	放置
程序点 3	取料作业点	抓取	程序点 8	装配规避点	—
程序点 4	取料规避点	抓取	程序点 9	机器人原点	—
程序点 5	移动中间点	抓取			

图 3-3-17 螺栓紧固机器人作业示教流程

（1）示教前准备 示教前应做好如下准备：

1）给料器准备就绪。

2）确认操作者与机器人之间保持安全距离。

3）机器人原点确认。通过机器人机械臂各关节处的标记或调用原点程序复位机器人。

（2）新建作业程序 单击示教器的相关菜单或按钮，新建一个作业程序，命名为"Assem-bly_ bolt"。

（3）程序点输入 在示教模式下，手动操作直角式（或 SCARA）装配机器人按图 3-3-16 所示轨迹程序点 1~9 移动。为提高机器人运行效率，程序点 1 和程序点 9 需设置在同一点，且各程序点要设置于与工件、夹具互不干涉的位置。具体示教方法见表 3-3-2。

表 3-3-2 螺栓紧固作业示教

程序点	示教方法
程序点 1 （机器人原点）	（1）按手动操作机器人要领移动装配机器人到装配原点 （2）插补方式选"PTP" （3）确认保存程序点 1 为装配机器人原点
程序点 2 （取料临近点）	（1）手动操作装配机器人，将其移动到取料作业临近点，并调整末端执行器姿态 （2）插补方式选"PTP" （3）确认并保存程序点 2 为装配机器人取料临近点
程序点 3 （取料作业点）	（1）手动操作装配机器人，将其移动到取料作业临近点且保持末端执行器位姿不变 （2）插补方式选"直线插补" （3）再次确认程序点 3，保证其为装配机器人取料作业点

（续）

程序点	示 教 方 法
程序点 4 （取料规避点）	（1）手动操作装配机器人，将其移动到取料规避点 （2）插补方式选"直线插补" （3）确认并保存程序点 4 为装配机器人取料规避点
程序点 5 （移动中间点）	（1）手动操作装配机器人，将其移动到移动中间点，并适度调整末端执行器姿态 （2）插补方式选"PTP" （3）确认并保存程序点 5 为装配机器人移动中间点
程序点 6 （装配临近点）	（1）手动操作装配机器人，将其移动到装配作业点且调整手爪位姿以适合安放螺栓 （2）插补方式选"直线插补" （3）再次确认程序点 6，保证其为装配临近点
程序点 7 （装配作业点）	（1）手动操作装配机器人，将其移动到装配作业点 （2）插补方式选"直线插补" （3）确认并保存程序点 7 装配机器人装配作业点 （4）若有需要可直接输入装配作业命令
程序点 8 （装配规避点）	（1）手动操纵机器人，将其移动到装配规避点 （2）将程序点插补方式选"直线插补" （3）确认保存程序点 8 为装配机器人装配规避点
程序点 9 （机器人原点）	（1）手动操纵机器人，将其移动到机器人原点 （2）将程序点插补方式选"PTP" （3）确认并保存程序点 9 为装配机器人原点

（4）设定作业条件　本例中装配作业条件的输入，主要涉及以下几个方面：

1）在作业开始命令中设定装配开始规范及动作次序。

2）在作业结束命令中设定装配结束规范及动作次序。

3）依据实际情况，在编辑模式下合理配置装配工艺参数并选择合适的末端执行器。

（5）检查试运行　确认装配机器人周围安全，按如下操作进行跟踪测试作业。

1）打开待测程序文件。

2）移动光标至程序开始位置。

3）持续按住示教器【跟踪功能键】，操作装配机器人单步或连续运转。

（6）再现装配

1）打开要再现的作业程序，移动光标至程序开始位置，将示教器上的【模式旋钮】设定到"再现/自动"状态。

2）按下【伺服 ON 按钮】，接通伺服电源。

3）按下【起动按钮】，装配机器人开始运行。

2. 鼠标装配作业

现以简化后的鼠标装配为例，采用移动关节式装配机器人示范装配作业方法，末端执行器选择组合式，如图 3-3-18 所示。本例采用在线示教方式为机器人输入装配作业程序，图中 A、B、C 位置为鼠标零件给料器，以 A 位置给料器上零件装配为例，阐述装配作业编程，B、C 位置给料器零件装配可类比进行。此程序由编号 1~8 的 8 个程序点组成，各程序点的用途说明见 3-3-3。具体作业编程可参照图 3-3-19 所示流程开展。

图 3-3-18 鼠标装配机器人运动轨迹

表 3-3-3 程序点说明（鼠标装配）

程序点	说明	手爪动作	程序点	说明	手爪动作
程序点 1	机器人原点	—	程序点 5	装配临近点	抓取
程序点 2	取料临近点	—	程序点 6	装配作业点	放置
程序点 3	取料作业点	抓取	程序点 7	装配规避点	—
程序点 4	取料规避点	抓取	程序点 8	机器人原点	—

图 3-3-19 鼠标装配机器人作业示教流程

（1）示教前准备 示教前应做好如下准备：

1）给料器准备就绪。

2）确认操作者与机器人之间保持安全距离。

3）机器人原点确认。通过机器人机械臂各关节处的标记或调用原点程序复位机器人。

（2）新建作业程序 单击示教器的相关菜单或按钮，新建一个作业程序，命名为"Assem-bly_ mouse"。

（3）程序点的输入 在示教模式下，手动操作移动关节式装配机器人按图 3-3-18 所示轨迹程序点 1 移至程序点 8，为提高机器人作业效率，程序点 1 和程序点 8 需设置在同一点。此外各程序点要设置于与工件、夹具互不干涉的位置。具体示教方法见表 3-3-4。

关于步骤（4）设定作业条件，步骤（5）检查试运行和步骤（6）再现装配，操作与上例相似，不再赘述。

表 3-3-4　鼠标装配作业示教

程序点	示教方法
程序点 1 （机器人原点）	(1)按手动操作机器人要领移动装配机器人到装配原点 (2)插补方式选"PTP" (3)确认保存程序点 1 为装配机器人原点
程序点 2 （取料临近点）	(1)手动操作装配机器人，将其移动到取料临近点，并调整手爪姿态 (2)插补方式选"PTP" (3)确认并保存程序点 2 为装配机器人取料作业临近点
程序点 3 （取料作业点）	(1)手动操作装配机器人，将其移动到取料作业点 (2)插补方式选"直线插补" (3)再次确认程序点 3,保证其为装配机器人取料作业点
程序点 4 （取料规避点）	(1)手动操作装配机器人，将其移动到取料规避点，并适度调整手爪姿态 (2)插补方式选"直线插补" (3)确认并保存程序点 4 为装配机器人取料规避点
程序点 5 （装配临近点）	(1)手动操作装配机器人，将其移动到装配临近点，并适度调整手爪姿态以适合安放零部件 (2)插补方式选"PTP" (3)确认并保存程序点 5 为装配机器人装配临近点
程序点 6 （装配作业点）	(1)手动操作装配机器人，将其移动到装配作业点 (2)插补方式选"直线插补" (3)再次确认程序点,保证其为装配作业点 (4)若有需要可直接输入装配作业命令
程序点 7 （装配规避点）	(1)手动操纵机器人，将其移动到装配规避点 (2)将程序点插补方式选"直线插补" (3)确认保存程序点 7 为装配机器人装配规避点
程序点 8 （机器人原点）	(1)手动操纵机器人，将其移动到机器人原点 (2)将程序点插补方式选"PTP" (3)确认并保存程序点 8 为装配机器人原点

本例中，A、B 位置给料器上的零件可采用组合手爪中的夹钳式手爪进行装配，C 位置给料器上的零件装配需采用组合式手爪中吸附式手爪进行装配，为满足相应装配要求，需用如图 3-3-18 所示的专用式手爪进行按压，其示教流程如图 3-3-20 所示。其中程序点 3 到程序点 4 需通过力觉传感器确定按压力大小，并在装配作业条件中设定相应的延时时间，确保装配完成效果。装配完成后可通过夹钳式手爪抓取鼠标放入成品托盘，完成整个装配生产过程。

综上所述，装配机器人作业示教编程，采用"PTP"和"直线插补"方式即可满足基本装配要求。对于复杂装配操作，可通过传感系统辅助实现精准装配，使机器人的动作随着传感器的反馈信号不断做出调整，以消除零件卡死和损坏的风险。当然，也可采用离线编程系统进行"虚拟示教"，以减少示教时间和程序员的劳动强度，提高编程效率。

四、装配机器人外围设备与工位布局

装配机器人工作站是一种融合计算机技术、微电子技术和网络技术等多种技术的集成化系统，其可与生产系统相连形成一个完整的集成化装配生产线。装配机器

图 3-3-20　鼠标装配按压动作运动轨迹

人完成一项装配工作，除需要装配机器人（机器人和装配设备）以外，还需要一些外围辅助设备，而这些辅助设备比机器人主体占地面积大。因此，为了节约生产空间、提高装配效率，

合理的装配机器人工位布局可实现生产效益最大化。

1. 外围设备

常见装配机器人外围辅助装置有零件供给器和输送装置等。

（1）零件供给器　零件供给器的主要作用是提供机器人装配作业所需零部件，确保装配作业正常进行。目前应用最多的零件供给器主要是给料器和托盘，可通过控制器编程控制。

1）给料器。用振动或回转机构将零件排齐，并逐个送到指定位置，通常以输送小零件为主，如图 3-3-21 所示。

2）托盘。装配结束后，大零件或易损坏划伤零件应放入托盘中进行运输。托盘（见图 3-3-22）能按一定精度要求将零件送到指定位置，由于托盘容量有限，故在实际生产装配中往往带有托盘自动更换机构，以满足生产需求。

图 3-3-21　振动式给料器

图 3-3-22　托盘

（2）输送装置　在机器人装配生产线上，输送装置将工件输送到各作业点，通常以传送带为主，零件随传送带一起运动，借助传感器或限位开关实现传送带和托盘同步运行，方便装配。

2. 工位布局

由装配机器人组成的柔性化装配单元，可实现物料自动装配，其工位布局合理与否将直接影响到生产效率。在实际生产中，常见装配工作站可采用回转式和线式布局。

（1）回转式布局　回转式工作站可将装配机器人聚集在一起进行配合装配，也可进行单工位装配，灵活性较大，可针对一条或两条生产线，具有较小的输送线成本和占地面积，广泛应用于大、中型装配作业，如图 3-3-23 所示。

（2）线式布局　线式装配机器人依附于生产线，排布在其一侧或两侧，具有生产效率高、节省装配资源和人员维护成本，仅需一名工人便可监视全线装配等优点，广泛应用于小物件装配场合，如图 3-3-24 所示。

图 3-3-23　回转式布局

图 3-3-24　线式布局

 任务实施

一、任务准备

实施本任务教学所使用的实训设备及工具材料见表 3-3-5。

表 3-3-5　实训设备及工具材料

序号	分类	名称	型号规格	数量	单位	备注
1	工具	内六角扳手	4.0mm	1	个	钳工具
2		内六角扳手	5.0mm	1	个	钳工具
3	设备器材	内六角螺钉	M4	4	颗	模块存放柜
4		内六角螺钉	M5	18	颗	模块存放柜
5		多功能夹具	气动手抓夹具+吸盘夹具	1	套	模块存放柜
6		大小料装配套件		1	个	模块存放柜

二、认识工业机器人大小料装配单元工作站

图 3-3-25 所示是工业机器人大小料装配单元工作站，装配模型结构如图 3-3-26 所示。本任务采用示教编程方法，操作机器人实现大小料装配及装配后入库的示教。

"演示模式"时，采用可编程序控制器（PLC）对机器人状态信号进行控制。具体控制要求如下：

1）机器人切换至自动模式时 HR 指示灯亮起，表示系统准备就绪，且处于停止状态。

2）按下 SB1 系统起动按钮，HG 运行指示灯亮起，HR 指示灯灭掉。同时机器人上电等待工作站工作。待大/小料供料机构供料以后，出料口检测到物料，机器人抓取大料放至装配台，再切换吸盘手抓吸取小物料，与大料进行装配。装配后整齐码放至立体库。

3）机器人码垛工作结束后回到工作原点位置后停止，且 HR 灯亮起表示系统停止。

图 3-3-25　工业机器人大小料装配单元工作站

图 3-3-26　大小料装配模型结构

三、大小料装配套件与夹具安装

1. 大小料装配套件安装

用螺钉将大小料装配套件固定在模型实训平台合适位置，要求固定牢靠稳定，如图 3-3-27 所示。

图 3-3-27　大小料装配套件的安装

2. 夹具安装

大小料装配站采用多功能夹具，包含气动手爪和真空吸盘夹具。采用合适的内六角螺钉安装至机器人 6 轴法兰上，如图 3-3-28 所示。

图 3-3-28　多功能夹具安装

四、设计控制原理框图

根据控制要求，设计控制原理框图（见图 3-3-29）。

五、设计 I/O 分配表

根据任务要求，可设计出"演示模式"时的系统 I/O 分配表，见表 3-3-6。

六、电气线路和气路安装

1. 电气线路安装

1）根据表 3-3-6 的 I/O 分配表和图 3-3-30 所示的工作站接线，进行大小料装配工作站的线路安装。

2）把大小料工作站的检测信号及执行信号分别接入机器人操作对象承载平台侧面接线端子盒对应的端子上，要求接线正确，布局美观且每根线头均压有插针（对象承载平台侧面结构如图 3-3-31 所示，包含一个用于快速更换工作套件检测/执行信号的接线端子盒，一个气源装置和六只电磁阀组件）。

图 3-3-29 控制原理框图

表 3-3-6 演示模式下 PLCI/O 分配表

序号	PLC 地址	功能	注释	信号连接设备
\multicolumn{5}{c}{PLC 输入信号}				
1	X00			
2	X01	起动按钮		
3	X02	复位按钮		
4	X03	暂停按钮		PLC 控制柜面板
5	X04	急停按钮	1 = 正常 0 = 急停动作	
6	X05	门磁开关	1 = 门关闭 0 = 门打开	安全防护系统(有机玻璃房)
7	X06	光幕常闭信号	1 = 正常 0 = 触发光幕	
8	X07	SC1 顶料气缸后限位(大料)		
9	X10	SC2 推料气缸后限位(大料)	大料 A 落料机构传感器	
10	X11	SC3 落料检测(大料)		
11	X12	SC4 出料位检测(大料)		
12	X13	SC5 顶料气缸后限位(小料)		
13	X14	SC6 推料气缸后限位(小料)	小料 B 落料机构传感器	
14	X15	SC7 落料检测(小料)		
15	X16	SC8 出料位检测(小料)		集成接线端子盒(位于机器人工作台侧面)
16	X17	系统预留		
17	X20	系统预留		
18	X21	系统预留		
19	X22	系统预留		
20	X23	系统预留		
21	X24	系统预留		
22	X25	系统预留		
23	X26	(DO1)机器人电动机已上电		
24	X27	(DO2)机器人在原点位置		
25	X30	(DO3)机器人自动运行状态		
26	X31	(DO4)机器人搬运完成		
27	X32	(DO5)机器人紧急停止		机器人 I/O 板(DSQC652)
28	X33	(DO6)未使用		
29	X34	(DO7)未使用		
30	X35	(DO8)未使用		
31	X36	(DO9)未使用		
32	X37	(DO10)未使用		

（续）

序号	PLC 地址	功能	注释	信号连接设备
\multicolumn{5}{PLC 输出信号}

序号	PLC 地址	功能	注释	信号连接设备
1	Y00			
2	Y01			
3	Y02			
4	Y03			
5	Y04	HG 运行指示灯		PLC 控制柜面板
6	Y05	HR 停止指示灯		
7	Y06	机器人外部紧急停止	连接至继电器 KA33	机器人控制器外部急停信号
8	Y07	AGV_HA1		安全防护系统（有机玻璃房）
9	Y10	AGV_HA2		
10	Y11	AGV_HA3		
11	Y12	HL1 运行警示灯		
12	Y13	HL2 停止警示灯		
13	Y14	HL3 报警警示灯		
14	Y15	YA01 顶料气缸电磁阀（大料）	大料 A 落料机构气缸电磁阀	集成接线端子盒（位于机器人工作台侧面）
15	Y16	YA02 推料气缸电磁阀（大料）		
16	Y17	YA03 顶料气缸电磁阀（小料）	小料 B 落料机构气缸电磁阀	
17	Y20	YA04 推料气缸电磁阀（小料）		
18	Y21	YA05（未使用）		
19	Y22	YA06（未使用）		
20	Y23			
21	Y24			
22	Y25			
23	Y26	（DI1）机器人电动机上电		机器人 I/O 板（DSQC652）
24	Y27	（DI2）机器人程序起动		
25	Y30	（DI3）机器人主程序起动		
26	Y31	（DI4）机器人急停复位		
27	Y32	（DI5）机器人停止		
28	Y33	（DI6）大料出料信号		
29	Y34	（DI7）小料出料信号		
30	Y35	（DI8）未使用		
31	Y36	（DI9）未使用		
32	Y37	（DI10）未使用		

图 3-3-30 工作站接线

2. 气路安装

根据接线端子盒接线图所示，把装配套件上对应的执行气缸采用 $\phi4mm$ 气管接入对应的电磁阀，用扎带固定，如图 3-3-32 所示。要求气管布局合理美观。

图 3-3-31 操作对象承载台侧面结构

图 3-3-32 工作站气路连接

七、六轴机器人单元的 PLC 程序设计

根据任务要求，参照表 3-3-6，设计 PLC 梯形图部分程序如图 3-3-33 所示。

图 3-3-33　PLC 部分梯形图

图 3-3-33　PLC 部分梯形图（续）

八、确定机器人运动所需示教点

对工作站工作流程进行分析，大/小料供料机构出料口检测信号置"1"时，机器人先运动至大料位置抓料至装配台，再切换手抓将小料抓取至装配台和大料装配，装配完成后将成品工件放入立体库内。

根据工作站工作流程，可自由选定机器人的运动所需的示教点位置。

九、机器人程序编写

根据机器人运动轨迹编写机器人程序时，首先根据控制要求绘制机器人程序流程图，然后编写机器人主程序和子程序。子程序主要包括机器人初始化子程序、大料抓取子程序、小料抓取子程序、装配入库子程序。编写子程序前要先设计好机器人的运行轨迹并定义好机器人的程序点。

1. 设计机器人程序流程图

根据控制功能，设计机器人程序流程图，如图 3-3-34 所示。

图 3-3-34 机器人程序流程图

2. 系统输入输出设定

参照前面任务所述的方法，根据表 3-3-6 所示进行系统输入输出的设定，不再赘述。

3. 机器人程序设计

设计出的机器人参考程序如下：

MODULE MainModule

CONST jointtarget！定义机器人工作原点位置 jpos10：=[[0,0,45,0,-45,0],[9E+09,9E+09,9E+09,9E+09,9E+09,9E+09]]；

CONST robtarget p10：=[[335.04，0.00，395.94]，[0.70709，-4.54843E-06，0.707124，-8.64299E-07]，[0,-1,-1,1]，[9E+09,9E+09,9E+09,9E+09,9E+09,9E+09]]；

CONST robtarget p20：=[[306.60，181.81，165.83]，[0.707239，0.00601622，0.706922，0.00608273]，[0,0,-1,1]，[9E+09,9E+09,9E+09,9E+09,9E+09,9E+09]]；

CONST robtarget p30：=[[406.82，97.23，343.95]，[0.707165，2.44348E-05，0.707048，5.64539E-05]，[0,0,-1,1]，[9E+09,9E+09,9E+09,9E+09,9E+09,9E+09]]；

CONST robtarget p40：=［［531.75，197.65，327.32］，［0.707211，3.10432E-05，0.707003，6.6842E-05］，［0，0，-1，1］，［9E+09，9E+09，9E+09，9E+09，9E+09，9E+09］］；

CONST robtarget p50：=［［488.55，49.12，283.39］，［0.707145，1.10202E-06，0.707069，3.7738E-06］，［0，0，-1，1］，［9E+09，9E+09，9E+09，9E+09，9E+09，9E+09］］；

CONST robtarget p60：=［［488.55，49.12，283.39］，［0.542409，0.453706，0.542352，-0.453649］，［0，1，-1，1］，［9E+09，9E+09，9E+09，9E+09，9E+09，9E+09］］；

TASK PERS tooldata GripprTool：=［TRUE，［［0，0，145］，［1，0，0，0］］，［1，［0，0，100］，［1，0，0，0］，0，0，0］］；

TASK PERS tooldata VacuumCupTool：=［TRUE，［［85，0，65］，［1，0，0，0］］，［1，［0，0，100］，［1，0，0，0］，0，0，0］］；

CONST robtarget p70：=［［434.29，-81.06，246.81］，［0.542422，0.453765，0.54235，-0.453578］，［0，1，-1，1］，［9E+09，9E+09，9E+09，9E+09，9E+09，9E+09］］；

CONST robtarget p80：=［［433.94，-83.14，220.97］，［0.542332，0.45385，0.542352，-0.453598］，［0，1，-1，1］，［9E+09，9E+09，9E+09，9E+09，9E+09，9E+09］］；

CONST robtarget p90：=［［452.46，180.73，165.70］，［0.707238，-2.13903E-05，0.706976，0.000202743］，［0，0，-1，1］，［9E+09，9E+09，9E+09，9E+09，9E+09，9E+09］］；

CONST robtarget p100：=［［670.63，1.07，310.95］，［0.707097，-9.40235E-07，0.707117，-3.83501E-06］，［0，0，-1，1］，［9E+09，9E+09，9E+09，9E+09，9E+09，9E+09］］；

CONST robtarget p110：=［［680.89，-27.87，255.08］，［0.704313，0.0619181，0.704475，-0.0618458］，［-1，0，-1，1］，［9E+09，9E+09，9E+09，9E+09，9E+09，9E+09］］；

CONST robtarget p120：=［［677.03，-83.85，217.34］，［0.704467，0.0618805，0.70432，-0.0618944］，［-1，0，-1，1］，［9E+09，9E+09，9E+09，9E+09，9E+09，9E+09］］；

CONST robtarget p130：=［［458.79，-5.10，310.95］，［0.707097，-3.42504E-07，0.707117，-4.34715E-06］，［-1，-1，0，1］，［9E+09，9E+09，9E+09，9E+09，9E+09，9E+09］］；

CONST robtarget p140：=［［453.88，179.36，180.98］，［0.707209，9.20702E-05，0.707004，1.66725E-05］，［0，0，-1，1］，［9E+09，9E+09，9E+09，9E+09，9E+09，9E+09］］；

CONST jointtarget ！定义机器人原点位置 jpos20：=［［0，0，0，0，0，0］，［9E+09，9E+09，9E+09，9E+09，9E+09，9E+09］］；

PROC main( )
    rInall；！调用初始化子程序
    WHILE reg1 < 9 DO ！循环
    WaitDI di_06,1；！等待大料供料机构出料口信号
    bigfeed；！调用抓取大料子程序
    WaitDI di_7,1；！等待小料供料机构出料口信号
smallfeed；！调用抓取小料子程序
    storage；！调用装配入库子程序
    ENDWHILE
    MoveAbsJ jpos20\NoEOffs, v1000, z50, tool0；！机器人返回原点位置
    Stop；！机器人停止
ENDPROC
PROC rInall( )！初始化子程序
    VelSet 50,2000；！限速指令
    MoveAbsJ jpos20\NoEOffs, v1000, z50, tool0；

```
    MoveAbsJ jpos10\NoEOffs, v1000, z50, tool0;！机器人回到工作原点
    reg1 : = 0;
    SetDO do_15,0;
    SetDO do_16,0;
    reg2 : = 0;
    reg3 : = -63;
    reg4 : = -60;
    reg5 : = 0;
ENDPROC
    PROC bigfeed()！抓取大料子程序
    MoveAbsJ jpos10\NoEOffs, v1000, z50, tool0;！机器人回到工作原点
    MoveJ p50, v1000, z10, GripprTool;
    MoveL p60, v1000, z10, GripprTool;
    MoveL Offs(p80,0,0,40), v200, z0, GripprTool;
    MoveL p80, v200, fine, GripprTool;
    Set do_16;
    WaitTime 1;
    MoveL Offs(p80,0,0,60), v200, z0, GripprTool;
    MoveL p50, v200, z10, GripprTool;
    MoveL Offs(p90,0,0,100), v200, z0, GripprTool;
    MoveL p90, v200, fine, GripprTool;
    Reset do_16;
    WaitTime 1;
    MoveL Offs(p90,0,0,100), v200, z0, GripprTool;
    MoveAbsJ jpos10\NoEOffs, v1000, z50, tool0;

ENDPROC
    PROC smallfeed()！抓取小料子程序
    MoveAbsJ jpos10\NoEOffs, v1000, z50, tool0;
    MoveL p100, v1000, z0, VacuumCupTool;
    MoveL p110, v1000, z0, VacuumCupTool;
    MoveL Offs(p120,0,0,50), v100, z0, VacuumCupTool;
    MoveL p120, v100, fine, VacuumCupTool;
    Set do_15;
    WaitTime 1;
    MoveL Offs(p120,0,0,50), v100, z0, VacuumCupTool;
    MoveL p110, v100, z0, VacuumCupTool;
    MoveL p100, v200, z0, VacuumCupTool;
    MoveL p130, v200, z0, VacuumCupTool;
    MoveL Offs(p140,0,0,80), v200, fine, VacuumCupTool;
    MoveL p140, v200, fine, VacuumCupTool;
    Reset do_15;
    WaitTime 1;
```

```
        MoveL Offs(p140,0,0,80), v200, fine, VacuumCupTool;

ENDPROC
    PROC storage()！装配入库子程序
    MoveL offs(p20,0,0,50),v200,fine,tool0;
    MoveL p20,v200,fine,tool0;
    Set do_16;
    WaitTime 1;
    MoveL offs(p20,0,0,100),v200,fine,tool0;
    MoveJ p30, v500, fine, tool0;
    MoveL Offs(p40,-50,reg2 * reg3,reg5 * reg4 + 8),v200,fine,tool0;
    MoveL offs(p40,0,reg2 * reg3,reg5 * reg4+8),v200,fine,tool0;
    MoveL offs(p40,0,reg2 * reg3,reg5 * reg4),v100,fine,tool0;
    Reset do_16;
    WaitTime 1;
    MoveL Offs(p40,0,reg2 * reg3,reg5 * reg4 + 8),v200,fine,tool0;
    MoveL Offs(p40,-50,reg2 * reg3,reg5 * reg4 + 8),v200,fine,tool0;
    PulseDO\PLength：= 1,do_04;
    MoveAbsJ jpos10\NoEOffs, v1000, z50, tool0;
    reg1：= reg1+1;
    reg2：= reg2+1;
    TEST reg1
    CASE 3：
    reg2：= 0;
    reg5：= reg5+1;
    CASE 6：
    reg2：= 0;
    reg5：= reg5+1;
    DEFAULT：
    ENDTEST
    ENDPROC
ENDMODULE
```

4. 程序数据修改

1）机器人程序位置点修改。手动操纵机器人到待修改点的位置，进入"程序数据"中的"robtarget"数据，选择待修改的点，单击"编辑"中的"修改位置"完成修改，如图3-3-35所示。

2）同理，依次完成其他点的数据修改。

任务测评

对任务实施的完成情况进行检查，并将

图3-3-35　机器人程序位置点修改

结果填入表 3-3-7 内。

表 3-3-7　任务测评表

序号	主要内容	考核要求	评分标准	配分	扣分	得分
1	安装	夹具与模块固定牢紧,不缺少螺钉	1. 夹具与模块安装位置不合适,扣 5 分 2. 夹具或模块松动,扣 5 分 3. 损坏夹具或模块,扣 10 分	10		
2	机器人程序设计与示教操作	I/O 配置完整,程序设计正确,机器人示教正确	1. 操作机器人动作不规范,扣 5 分 2. 机器人未能完成涂装,每个轨迹扣 10 分 3. 缺少 I/O 配置,每个扣 1 分 4. 程序缺少输出信号设计,每个扣 1 分 5. 工具坐标系定义错误或缺失,每个扣 5 分	70		
3	PLC 程序设计	PLC 程序正确;I/O 配置完整;PLC 程序完整	1. PLC 程序出错,扣 3 分 2. PLC 配置不完整,每个扣 1 分 3. PLC 程序缺失,视情况严重性扣 3～10 分	10		
4	安全文明生产	劳动保护用品穿戴整齐;遵守操作规程;讲文明礼貌;操作结束要清理现场	1. 操作中,违反安全文明生产考核要求的任何一项扣 5 分,扣完为止 2. 当发现学生有重大事故隐患时,要立即予以制止,并每次扣安全文明生产总分 5 分 3. 穿戴不整洁,扣 2 分;设备未还原,扣 5 分;现场未清理,扣 5 分	10		
合计				100		
开始时间:			结束时间:			

巩固与提高

一、填空题（将正确答案填入括号内）

1. 按臂部运动形式,装配机器人可分为_____、_____。

2. 装配机器人常见的末端执行器分_____、_____、专用式和_____。

3. 装配机器人系统主要由_____、_____、_____、_____和安全保护装置等组成。

二、选择题（将正确答案的序号填入括号内）

1. 装配工作站可分为（　　　）。

① 全面式装配　　② 回转式码垛　　③ 一进一出装配　　④ 线式装配

A. ①②　　B. ②③　　C. ②④　　D. ①②③④

2. 对装配机器人而言,通常采用的传感器有（　　　）。

① 视觉传感器　　② 力觉传感器　　③ 听觉传感器　　④滑觉传感器

⑤ 接近觉传感器　　⑥ 接触觉传感器　　⑦ 压觉传感器

A. ①②③⑦   B. ①③⑤⑦   C. ②③④⑦   D. ①②③④⑤⑥⑦

三、判断题（正确的打"√"，错误的打"×"）

（   ）1. 目前应用最为广泛的装配机器人为六轴垂直关节型，因为其柔性化程度最高，可精确到达动作范围内的任意位姿。

（   ）2. 机器人装配过程较为简单根本不需要传感器协助。

（   ）3. 吸附式末端执行器 TCP 多设在法兰中心线与吸盘所在平面交点处。

四、综合应用题

1. 简述装配机器人本体与码垛和搬运机器人本体不同之处。

2. 依据图 3-3-36 画出Ⅰ、Ⅱ托盘上零件装配机器人运动轨迹示意图。

3. 依据图 3-3-36 并结合Ⅰ、Ⅱ托盘上零件进行示教，完成表 3-3-8 的内容（请在相应选项下打"√"或选择序号）。

图 3-3-36　题四图

表 3-3-8　触摸屏界面指示灯和按钮配置

| 程序点 | 装配作业 | | 插补方式 | | 末端执行器 |
	作业点	①原点；②中间点；③规避点；④临近点	PTP	直线插补	①吸附式；②夹钳式；③专用式

任务4　涂装机器人及其操作应用

学习目标

知识目标：1. 了解涂装机器人的分类及特点。

2. 掌握涂装机器人的系统组成及功能。

3. 熟悉涂装机器人作业示教的基本流程。

4. 熟悉涂装机器人周边设备与布局。

能力目标：1. 能够识别涂装机器人工作站基本构成。

2. 能够进行涂装机器人的简单作业示教。

工作任务

传统的涂装行业，施工技术从涂刷、揩涂发展到气压涂装、浸涂、辊涂、淋涂以及最近兴起的高压空气涂装、电泳涂装和静电粉末涂装等。在涂装技术高度发展的今天，企业已经进入一个全新的竞争格局，即更环保、更高效、更低成本以及更有竞争力。加之涂装作业对从业工人健康的威胁，机器人涂装的前景非常广阔。

本任务的内容是：通过学习，掌握涂装机器人的分类、特点、基本系统组成和典型外围设备，并能掌握涂装机器人作业示教的基本要领和注意事项。

相关知识

一、涂装机器人分类及特点

1. 涂装机器人特点

涂装机器人作为一种典型的涂装自动化设备，能够将工人从有毒、易燃和易爆的工作环境中解放出来，已在汽车、工程机械制造、3C 产品及家具建材等领域得到广泛应用。涂装机器人与传统的机械涂装相比，具有以下优点：

1）最大限度提高涂料的利用率，降低涂装过程中的 VOC（有害发挥性有机物）排放量。

2）显著提高喷枪的运动速度，缩短生产节拍，效率明显高于传统的机械涂装。

3）柔性强，能够适应多品种、小批量的涂装任务。

4）能够精确保证涂装工艺的一致性，获得较高质量的涂装产品。

5）与高速旋杯经典涂装站相比，可以减少 30%～40% 的喷枪数量，降低系统故障率和维护成本。

2. 涂装机器人分类

目前，国内外的涂装机器人从结构上大多仍采取与通用工业机器人相似的 5 或 6 自由度串联关节式机器人，在其末端加装自动喷枪。按照手腕结构划分，涂装机器人应用中较为普遍的主要有两种：球型手腕涂装机器人和非球型手腕涂装机器人，如图 3-4-1 所示。

a) 球型手腕涂装机器人　　　b) 非球型手腕涂装机器人

图 3-4-1　涂装机器人

（1）球型手腕涂装机器人　球型手腕涂装机器人与通用工业机器人手腕结构类似，手腕三个关节轴线相交于一点，即目前绝大多数商用机器人所采用的 Bendix 手腕，如图 3-4-2 所示。该手腕结构能够保证机器人运动学逆解具有解析解，便于离线编程的控制，但是由于其腕部第二关节不能实现 360°旋转，故工作空间相对较小。采用球型手腕的涂装机器人多为紧凑型结构，其工作半径多在 0.7~1.2m，适用于小型工件的涂装。

（2）非球型手腕涂装机器人　非球型手腕涂装机器人，其手腕的 3 个轴线并非如球型手腕机器人一样相交于一点，而是相交于两点。非球型手腕机器人相对于球型手腕机器人来说更适合于涂装作业。该型涂装机器人每个腕关节转动角度都能达到 360°以上，灵活性强，工作空间较大，特别适用于复杂曲面及狭小空间内的涂装作业，但由于非球型手腕运动学逆解没有解析解，增大了机器人控制的难度，难以实现离线编程控制。

图 3-4-2　Bendix 手腕结构涂装机器人

非球型手腕涂装机器人根据相邻轴线的位置关系又可分为正交非球型手腕和斜交非球型手腕两种形式，如图 3-4-3 所示。图 3-4-3a 所示的 Comau SMART-3S 型机器人所采用的即为正交非球型手腕，其相邻轴线夹角为 90°；而 FANUC P-250iA 型机器人的手腕相邻两轴线不垂直，呈一定的角度，即斜交非球型手腕，如图 3-4-3b 所示。

a) 正交非球型手腕　　　　　　b) 斜交非球型手腕

图 3-4-3　非球型手腕涂装机器人

实际生产中涂装机器人很少采用正交非球型手腕，主要是因为其在结构上相邻腕关节彼此垂直，容易造成从手腕中穿过的管路出现较大的弯折、堵塞甚至折断。相反，斜交非球型手腕采用中空结构，各管线从中穿过，直接连接到末端高转速旋杯喷枪上，在作业过程中内部管线较为柔顺，故被各大厂商所推崇。

在涂装作业过程中，高速旋杯喷枪的轴线要与工件表面法线在一条直线上，且高速旋杯喷枪的端面要与工件表面始终保持一恒定的距离，并完成往复蛇形轨迹，这就要求涂装机器人要有足够大的工作空间和尽可能紧凑灵活的手腕，即手腕关节要尽可能短。其他基本性能要求如下：

1）能够通过示教器方便地设定流量、雾化电压、喷幅气压以及静电量等涂装参数。

2）具有供漆系统，能够方便地进行换色或混色，确保高质量，高精度的工艺调节。

3）具有多种安装方式，如：落地、倒置、角度安装和壁挂。

4）能够与转台、滑台和输送链等一系列工艺辅助设备轻松集成。

5）结构紧凑，减少密闭涂装室（简称喷房）尺寸，降低通风要求。

二、涂装机器人系统组成

典型涂装机器人工作站主要由机器人本体、机器人控制系统、供漆系统、自动喷枪/旋杯、喷房以及防爆吹扫系统等组成，如图 3-4-4 所示。

图 3-4-4　涂装机器人系统组成

1—机器人控制柜　2—示教器　3—供漆系统　4—防爆吹扫系统
5—机器人本体　6—自动喷枪/旋杯

涂装机器人与普通工业机器人相比，除结构方面的差别外，主要是防爆、油漆及空气管路和喷枪的布置所导致的差异，主要特点如下：

1）一般手臂工作范围宽大，进行涂装作业时可以灵活避障。

2）手腕一般有 2~3 个自由度，轻巧快速，适合对工件内部、狭窄空间及复杂结构的涂装。

3）较先进的涂装机器人采用中空手臂和柔性中空手腕，如图 3-4-5 所示。采用这种结构使得软管、线缆可内置，从而避免与工件间发生缠绕，减少管道粘着雾气、飞沫，最大程度降低灰尘粘到工件的可能性，缩短工作节拍。

4）一般在水平手臂搭载涂装工艺系统，从而缩短清洗和换色时间，提高生产效率，节约涂料及清洗液，如图 3-4-6 所示。

a) 柔性中空手腕　　　　　　　　　　　　　b) 柔性中空手腕内部结构

图 3-4-5　柔性中空手腕及结构

1. 涂装机器人控制系统

涂装机器人控制系统主要完成本体和涂装工艺控制。其中本体控制在控制原理、功能及组成上与通用工业机器人基本相同；涂装工艺的控制则是对供漆系统的控制，即负责对涂料单元控制盘和喷枪/旋杯单元进行控制，发出喷枪/旋杯开关指令，自动控制和调整涂装的参数（如流量、雾化电压、喷幅气压以及静电电压），控制换色阀及涂料混合器完成清洗、换色或混色作业。

图 3-4-6 集成于手臂的
涂装工艺系统

2. 供漆系统

供漆系统主要由涂料单元控制盘、气源、流量调节器、齿轮泵、涂料混合器、换色阀供漆供气管路及监控管线组成。涂料单元控制盘简称气动盘，它接收机器人控制系统发出的涂装工艺控制指令，精准控制调节器、齿轮泵和喷枪/旋杯完成流量、空气雾化和空气成型的调整；同时控制涂料混合器、换色阀等以实现自动颜色切换和指定自动清洗等功能，实现高质量和高效率的涂装。著名涂装机器人厂商 ABB、FANUC 等均有自主生产的成熟供漆系统配套模块，图 3-4-7 所示为 ABB 生产的采用模块化设计，可实现闭环控制的流量调节器、齿轮泵、涂料混合器及换色阀。

a) 流量调节器

b) 齿轮泵

c) 涂料混合器

d) 换色阀

图 3-4-7 涂料系统配套模块

对于涂装机器人，根据所采用的涂装工艺不同，"手持"喷枪及配备的涂装系统也存在差异。尽管传统涂装工艺与高压无气涂装仍在广泛应用，但近年来静电涂装，特别是旋杯式静电涂装工艺凭借其高质量、高效率以及节能环保等优点已成为现代汽车车身涂装的主要手段之一，并且被广泛应用于其他工业领域。

3. 空气涂装

空气涂装是利用压缩空气流过喷枪喷嘴孔形成负压，将涂料从吸管吸入，经过喷嘴喷出时，再通过压缩空气对涂料进行吹散，以达到均匀雾化的效果。空气涂装一般用于家具、3C产品外壳以及汽车等产品的涂装。图 3-4-8 所示是较为常见的自动空气喷枪。

a) 日本明治FA100H-P　　　　　　b) 美国DEVILBISS T-AGHV　　　　　　c) 德国PILOT WA500

图 3-4-8　自动空气喷枪

4．高压无气涂装

高压无气涂装是一种较先进的涂装方法，采用增压泵将涂料增至 6～30MPa 的高压，再由很细的喷孔喷出，使涂料形成扇形雾状，具有较高的涂料传递效率和生产效率，涂装质量明显优于空气涂装。

5．静电涂装

静电涂装一般是以接地的被涂物为阳极，接电源负高压的雾化涂料为阴极，使得涂料雾化颗粒带有电荷，在静电作用下，吸附于工件表面。通常应用于金属表面或导电性良好且结构复杂的表面，或是球面、圆柱面等的涂装。高速旋杯式静电喷枪是目前应用最广的工业涂装设备，如图 3-4-9 所示。它在工作时利用旋杯的高速（一般为 30000～60000r/min）旋转运动产生离心力，将涂料在旋杯内表面伸展成为薄膜，并通过巨大的加速度使其向旋杯边缘运动，在离心力及强电场的双重作用下破碎为极细且带电的雾滴，向极性相反的被涂工件运动，沉积于被涂工件表面，形成均匀、平整、光滑且饱满的涂层。其工作原理如图 3-4-10 所示。

a) ABB溶剂性涂料适用高速旋杯式静电喷枪　　　　　b) ABB水性涂料适用高速旋杯式静电喷枪

图 3-4-9　高速旋杯式静电喷枪

在进行涂装作业时，为了获得高质量的涂膜，除对机器人动作的柔性和精度，以及供漆系统及自动喷枪/旋杯的精准控制有所要求外，对涂装环境的最佳状态也制定了相应标准，例如：无尘、恒温、恒湿，恒定的供风及对有害挥发性有机物含量的控制等，喷房由此应运而生。一般来说，喷房由涂料作业的工作室，收集有害挥发性有机物的废气舱，排气扇以及可将废气排放到建筑物外的排气管等组成。

涂装机器人多在封闭的喷房内涂装工件的内外表面，由于涂料薄雾属易燃易爆物，一旦机器人的某个部件产生火花或温度过高，就会引起大火甚至爆炸，所以防爆吹扫系统是涂装机器人极其重要的一部分。其主要由危险区域之外的吹扫单元，操作机内部的吹扫传感器和控制柜内的吹扫控制单元三部分组成，防爆工作原理如图 3-4-11 所示。吹扫单元通过柔性软管向包含有电气元件的操作机内部施加压力，阻止爆燃性气体进入操作机内；同时由吹扫控

图 3-4-10 高速旋杯式静电喷枪的工作原理

1—供气系统 2—供漆系统 3—高压静电发生系统 4—旋杯 5—工件

制单元监视操作机内压，当异常状况发生时立即切断操作机伺服电源。

图 3-4-11 防爆吹扫系统的工作原理

1—空气接口 2—控制柜 3—吹扫单元 4—吹扫单元控制电缆 5—操作机控制电缆
6—吹扫传感器控制电缆 7—软管 8—吹扫传感器

综上所述，涂装机器人主要包括机器人和自动涂装设备两部分。机器人由防爆机器人本体及完成涂装工艺控制的控制柜组成，而自动涂装设备主要由供漆系统及自动喷枪／旋杯组成。

三、涂装机器人作业示教

目前对于中小型涂装面形式较为简单的工件，涂装机器人作业编程方法还是以在线示教方式为主。由于各大机器人厂商对编程器及控制系统进行了优化，使之具有更直观友好的涂装用户界面，同时集成了涂装工艺系统，可令用户方便地进行机器人运动与编程，涂装工艺设备的试验与校准和涂装程序的测试。

涂装机器人示教的重点是对运动轨迹的示教，即确定各程序点处 TCP 的位姿。对于涂装机器人而言，其 TCP 一般设置在喷枪的末端中心，且在涂装作业中，高速旋杯喷枪的端面要相对于工件涂装工作面走蛇形轨迹并保持一定的距离，如图 3-4-12 所示。为达到工作涂层的质量要求，必须保证以下几点：

1）旋杯的轴线始终在工件涂装工作面的法线方向。

2）旋杯端面到工件涂装工作面的距离要保持恒定，一般在 0.2m 左右。

3）旋杯涂装轨迹要部分相互重叠（一般搭接宽度为 2/3～3/4 时较为理想），并保持适当的间距。

4）涂装机器人应能同步跟踪工件传送装置上工件的运动。

5）在进行示教编程时，若前臂及手腕有外露的管线应避免与工件发生碰撞。

a) 工具中心点的确定　　　　　　　　b) 喷枪作业姿态

图 3-4-12　涂装机器人 TCP 和喷枪作业姿态

现以图 3-4-13 所示的工件涂装为例，采用在线示教的方式为机器人输入钢制箱体的表面涂装作业程序。此程序由编号 1～8 的 8 个程序点组成，各程序点的用途说明见表 3-4-1。本例中使用的喷枪为高转速旋杯式自动静电喷枪，配合换色阀及涂料混合器完成旋杯打开和关闭，以进行涂装作业。具体作业编程可参照图 3-4-14 所示流程开展。

1. 示教前准备

示教前应做好如下准备：

（1）工件表面清理　使用物理或化学方式将工件表面的铁锈、油污等杂质清理干净，一般可采用擦拭除尘、静电除尘及酸洗等方法。

（2）工件装夹　利用夹具将钢制箱体固定。

（3）安全确认　确认操作者与机器人之间保持安全距离。

（4）机器人原点确认　通过机器人机械臂各关节处的标记或调用原点程序复位机器人。

2. 新建作业程序

单击示教器的相关的菜单或按钮，新建一个作业程序，如"Paint_ box"。

3. 程序点输入

手动操纵机器人分别移动到程序点 1～8 的位置。

图 3-4-13　涂装机器人运动轨迹

处于待机位置的程序点 1 和 8，要处于与工件、夹具互不干扰的位置。机器人末端工具轴线在程序点 3～6 位置要与涂装工作面的法线共线，且必须保证机器人手臂及其外露管线不与涂装工作面接触。另外，机器人在各程序点间移动时，不可与工件、夹具发生碰撞。具体示教方法见表 3-4-2。

表 3-4-1　程序点说明（涂装作业）

程序点	说明	程序点	说明	程序点	说明
程序点 1	机器人原点	程序点 4	涂装作业中间点	程序点 7	涂装作业规避点
程序点 2	作业临近点	程序点 5	涂装作业中间点	程序点 8	机器人原点
程序点 3	涂装作业开始点	程序点 6	涂装作业结束点	—	—

图 3-4-14 涂装机器人作业示教流程

表 3-4-2 涂装作业示教

程序点	示 教 方 法
程序点 1 （机器人原点）	(1)按手动操作机器人要领移动涂装机器人到原点 (2)插补方式选"PTP" (3)确认保存程序点 1 为涂装机器人原点
程序点 2 （作业临近点）	(1)手动操作涂装机器人，将其移动到作业临近点，并调整喷枪姿态 (2)插补方式选"PTP" (3)确认并保存程序点 2 为作业临近点
程序点 3 （涂装作业开始点）	(1)保持喷枪姿态不变，手动操纵涂装机器人，将其移动到涂装作业开始点 (2)插补方式选"直线插补" (3)确认并保存程序点 3 为涂装作业开始点 (4)若有需要，手动插入涂装作业命令
程序点 4、5 （涂装作业中间点）	(1)保持喷枪姿态不变，手动操纵涂装机器人依次移动到各涂装作业中间点 (2)插补方式选"直线插补" (3)确认并保存程序点 4、5 为涂装作业中间点
程序点 6 （涂装作业结束点）	(1)保持喷枪姿态不变，手动操纵涂装机器人，将其移动到涂装作业结束点 (2)插补方式选"直线插补" (3)确认并保存程序点 6 为涂装作业结束点 (4)若有需要，手动插入涂装作业结束命令
程序点 7 （作业规避点）	(1)手动操纵涂装机器人，将其移动到作业规避点 (2)插补方式选"PTP" (3)确认保存程序点 7 为作业规避点
程序点 8 （机器人原点）	(1)手动操纵涂装机器人，将其移动到机器人原点 (2)插补方式选"PTP" (3)确认并保存程序点 8 为机器人原点

4. 设定作业条件

本例中涂装作业条件的输入，主要涉及两个方面：一是设定涂装条件（文件）；二是添加涂装次序指令。

（1）设定涂装条件 涂装条件的设定主要包括涂装流量、雾化气压、喷幅（调扇幅）气压、静电电压以及颜色设置等，可参见表 3-4-3。

表 3-4-3　涂装作业示教

工艺条件	搭接宽度	喷幅/mm	枪速 /(mm/s)	吐出量 /(mL/min)	旋杯 /(mL/min)	$U_{静电}$/kV	空气压力 /MPa
参考值	2/3～3/4	300～400	600～800	0～500	20～40	60～90	0.15

（2）添加涂装次序指令　在涂装开始、结束点（或各路径的开始、结束点）手动添加涂装次序指令，控制喷枪开关。

5. 检查试运行

确认涂装机器人周围安全，按如下操作进行跟踪测试作业。

1）打开待测程序文件。

2）移动光标至程序开始位置。

3）持续按住示教器【跟踪功能键】，操作涂装机器人单步或连续运转。

6. 再现涂装

跟踪测试无误后，即可进行再现涂装。

1）打开要再现的作业程序，移动光标至程序开始位置。

2）切换【模式旋钮】到"再现/自动"状态。

3）按下【伺服 ON 按钮】，接通伺服电源。

4）按下【起动按钮】，机器人再现涂装。

至此，涂装机器人的简单作业示教操作完毕。

综上所述，涂装机器人的示教与搬运和码垛机器人示教相似，也是通过示教方式获取运动轨迹上的关键点，然后存入程序的运动指令中。这对于有复杂曲面的大型工件来说，必须花费大量的时间示教，不但大大降低了生产效率，提高了生产成本，而且涂装质量也得不到有效保障。因此，对于这类工件的示教更多地采用离线编程。各大机器人厂商针对涂装作业的离线编程均有相应的商业化软件推出，比如 ABB 的 RobotStudio Paint 和 ShopFloor Editor，可以在无须中断生产的前提下，进行示教操作和工艺调整。

四、涂装机器人外围设备与布局

完整的涂装机器人生产线及柔性涂装单元除了前面所提及的机器人和自动涂装设备两部分外，还包括一些外围辅助设备。同时，为了保证对生产空间、能源和原料的高效利用，灵活性高且结构紧凑的涂装车间布局显得非常重要。

1. 外围设备

常见涂装机器人辅助装置有机器人行走单元、工件传送（旋转）单元、空气过滤系统、输调漆系统、喷枪清理装置和涂装生产线控制盘等。

（1）机器人行走与工件传送（旋转）单元　主要包括完成工件的传送及旋转动作的伺服转台、伺服穿梭机及输送系统，以及完成机器人上下左右移动的行走单元。涂装机器人所配备的行走与工件传送（旋转）单元对防爆性能有着较高的要求。一般将配备行走和工件传送（旋转）单元的涂装机器人生产线及柔性涂装单元的工作方式分为三种：动/静模式、流动模式及跟踪模式。

1）动/静模式。该模式下，工件先由伺服穿梭机或输送系统传送到涂装室中，再由伺服转台完成旋转，之后由涂装机器人单体或者配备行走单元的机器人对其完成涂装作业。在涂装过程中工件可以是静止地做独立运动，也可与机器人做协调运动，如图 3-4-15所示。

a) 配备伺服穿梭机的涂装单元

b) 配备输送系统的涂装单元

c) 配备行走单元的涂装单元

d) 机器人与伺服转台协调运动的涂装单元

图 3-4-15 动/静模式下的涂装单元

2）流动模式。该模式下，工件由输送链承载，匀速通过涂装室，再由固定不动的涂装机器人对工件完成涂装作业，如图 3-4-16 所示。

3）跟踪模式。该模式下，工件由输送链承载，匀速通过涂装室。机器人不仅要跟踪随输送链运动的涂装物，而且要根据涂装部位而改变喷枪的方向和角度，如图 3-4-17 所示。

图 3-4-16 流动模式下的涂装单元

图 3-4-17 跟踪模式下的涂装单元

（2）空气过滤系统 在涂装作业过程中，当直径大于或者等于 $10\mu m$ 的粉尘混入漆层时，用肉眼就可以明显看到由其造成的瑕点。为了保证涂装作业质量，涂装线所处的环境及空气涂装所使用的压缩空气应尽可能保持清洁，这是由空气过滤系统使用大量空气过滤器对空气进行处理以及保持涂装车间正压来实现的。喷房内的空气纯净度要求极高，一般来说要求经过三道过滤。

（3）输调漆系统 涂装机器人生产线一般由多个涂装机器人单元协同作业，这时需要有稳定可靠的涂料及溶剂的供应，而输调漆系统则是保证这一目标的重要装置。一般来说，输调漆系统由以下几部分组成：油漆和溶剂混合的调漆系统、油漆和溶剂的输送系统、液压泵系统、油漆温度控制系统、溶剂回收系统、辅助输调漆设备及输调漆管网等，如图 3-4-18 所示。

图 3-4-18 输调漆系统

（4）喷枪清理装置 涂装机器人设备利用率高达 90% ~ 95%，在进行涂装作业中难免发生污物堵塞喷枪气路，同时在对不同工件进行涂装时也需要进行换色作业，此时需要对喷枪进行清理。自动化喷枪清洗装置能够快速、干净且安全地完成喷枪的清洗和颜色更换，彻底清除喷枪通道内及喷枪上飞溅的涂料残渣，同时对喷枪完成干燥，减少喷枪清理所耗用的时间、溶剂及空气，如图 3-4-19 所示。喷枪清洗装置工作时一般经过四个步骤：空气自动冲洗、自动清洗、自动溶剂冲洗和自动通风排气，其编程实现需要 5~7 个程序点，见表 3-4-4。

图 3-4-19 Uni-ram UG4000 自动喷枪清理机

表 3-4-4 程序点说明（清枪动作）

程序点	说明	程序点	说明	程序点	说明
程序点 1	移向清枪位置	程序点 3	清枪位置	程序点 5	移出清枪位置
程序点 2	清枪前一点	程序点 4	喷枪抬起	—	—

（5）涂装生产线控制盘 对于采用两套或者两套以上涂装机器人单元同时工作的涂装作业系统，一般需配置生产线控制盘对生产线进行监控和管理。图 3-4-20 所示为川崎公司的 KOSMOS 涂装生产线控制盘界面，其功能如下：

1）生产线监控功能。通过管理界面可以监控整个涂装作业系统的状态，例如工件类型、颜色、涂装机器人和周边装置的操作、涂装条件以及系统故障信息等。

2）可以方便设置和更改涂装条件和涂料单元控制盘，即对涂料流量、雾化电压、喷幅（调扇幅）气压、静电电压进行设置，并可设置颜色切换的时序图、喷枪清洗及各类工件类型和颜色的程序编号。

3）可以管理统计生产线各类生产数据，包括：产量统计、故障统计和涂料消耗率等。

2. 工位布局

涂装机器人工作站或生产线的布局是否合理直接影响到企业的产能及能源和原料的利用率。对于由涂装机器人与外围设备组成的涂装机器人工作站的工位布局形式，常见由工作台或工件传送（旋转）单元配合涂装机器人构成并排、A字形、H形以及转台型双工位工作站。对于汽车及机械制造等行业往往需要结构紧凑灵活，且自动化程度高的涂装生产线，在形式上一般有两种：线型布局和并行盒子布局，如图3-4-21所示。

图 3-4-20　KOSMOS 涂装生产线控制盘界面

a) 线型布局

b) 并行盒子布局

图 3-4-21　涂装机器人生产线布局

图3-4-21a所示的采取线型布局的涂装生产线在进行涂装作业时，产品依次通过各工作站完成清洗、中涂、底漆、清漆和烘干等工序，负责不同工序的各工作站间采用停走运行方式。对于图3-4-21b所示并行盒子布局，在进行涂装作业时，产品进入清洗站完成清洗作业，接着完成中涂之后，被分送到不同的盒子中进行内部和表面的底漆和清漆涂装。不同盒子间可同时以不同周期进行工作，同时日后如需扩充生产能力，可以轻易地整合新盒子到现有生产线中。线型布局和并行盒子布局的生产线特点与适用范围对比详见表3-4-5。

表 3-4-5　线型布局与并行盒子布局生产线比较

比较项目	线型布局生产线	并行盒子布局生产线
涂装产品范围	单一	满足多产品要求
对生产节拍变化适应性	要求尽可能稳定	可适应各类生产节拍
同等生产力的系统长度	长	远远短于线型布局
同等生产力所需机器人数量	多	较少
设计建造难易程度	简单	相对复杂
生产线运行耗能	高	低
作业期间换色时涂料损失量	多	较少
未来生产能力扩充难易度	较为困难	灵活简单

综上所述，在涂装生产线的设计过程中不仅要考虑产品范围以及额定生产能力，还需要考虑所需涂装产品的类型、各产品的生产批量及涂装工作量等因素。对于产品单一，生产节拍稳定，生产工艺中有特殊工序的生产线可采取线型布局。当产品类型尺寸、工艺流程和产品批量各异，采用灵活的并行盒子布局的生产线则是比较合适的选择，同时采取并行盒子布局不仅可以减少投资，而且可以降低后续运行成本。但建造并行盒子布局的生产线时需要额外承担产品处理方式及中转区域设备等的投资。

任务实施

一、任务准备

实施本任务教学所使用的实训设备及工具材料见表 3-4-6。

表 3-4-6　实训设备及工具材料

序号	分类	名称	型号规格	数量	单位	备注
1	工具	内六角扳手	4.0mm	1	个	钳工桌
2		内六角扳手	5.0mm	1	个	钳工桌
3	设备器材	内六角螺钉	M4	4	颗	模块存放柜
4		内六角螺钉	M5	6	颗	模块存放柜
5		涂胶枪夹具		1	套	模块存放柜
6		涂胶套件		1	个	模块存放柜

二、认识工业机器人涂胶单元工作站

图 3-4-22 所示是工业机器人涂胶单元模型工作站，其涂胶模型结构示意图如图 3-4-23 所示。本任务采用示教编程方法，操作机器人实现涂胶的示教。

图 3-4-22　工业机器人涂胶单元模型工作站

图 3-4-23　涂胶模型结构

具体控制要求如下：

1. 实训模式

确保各个信号正确连接。当拍下控制面板上急停按钮 QS 后，机器人紧急停止并报警。在自动模式时可通过面板按钮 SB1 控制机器人电动机上电、按钮 SB2 控制机器人从主程序开始运行，通过按钮 SB3 可控制机器人停止，通过按钮 SB4 可控制机器人起动、指示灯 H1 显示机

器人自动运行状态、指示灯 H2 显示电动机上电状态。

2. 演示模式

采用可编程序控制器（PLC）对机器人状态信号进行控制。当机器人切换至自动模式时HR 指示灯亮起，表示系统准备就绪，且处于停止状态。按下 SB1 系统起动按钮，HG 运行指示灯亮起，HR 指示灯灭掉。同时机器人上电运行，开始涂装工作。涂装工作结束后机器人回到工作原点位置并停止，且 HR 灯亮起表示系统停止。

三、涂胶套件与夹具安装

1. 涂胶配套件安装

用螺钉将大涂胶工件固定在模型实训平台合适位置，要求固定牢靠，如图 3-4-24 所示。

2. 夹具安装

涂胶站采用胶枪夹具配合大流量点胶阀可精确控制胶水流量。采用合适的内六角螺钉将其安装至机器人 6 轴法兰上，如图 3-4-25 所示。

图 3-4-24 涂胶工件安装

图 3-4-25 胶枪夹具安装

四、设计控制原理框图

根据控制要求，设计控制原理框图（见图 3-4-26）。

图 3-4-26 控制原理框图

五、设计两种模式下 I/O 分配表

1. 演示模式 I/O 分配表

PLC 控制柜的配线已经完成。PLC 输入信号 X26 ~ X37 对应机器人输出信号 DO1 ~ DO10，PLC 输出信号 Y26 ~ Y37 对应机器人输入信号 DI1 ~ DI10。根据工作站任务要求所示对机器人

I/O 信号：System Input、System Output 进行配置，见表 3-4-7。

表 3-4-7　演示模式 I/O 分配

PLC 输出信号		机器人输入信号		
PLC 地址	功能	信号 (Signal)	系统输入 (System Input)	类型 (Argument)
Y26	电动机上电	DI1	MotorOn	
Y27	机器人从主程序首条起动	DI2	StartMain	CYCLE
Y30	机器人停止	DI3	Stop	
Y31	机器人起动	DI4	Start	CYCLE
Y32	机器人急停复位	DI5	ResetEStop	
Y06	机器人外部停止	机器人控制器外部急停信号		
Y05	HG（面板）运行指示灯			
Y04	HR（面板）停止指示灯			

PLC 输出信号		机器人输入信号	
PLC 地址	功能	信号 (Signal)	系统输入 (System Input)
X26	机器电动机已上电	DO1	MotorOnState
X27	自动运行状态	DO2	AutoOn
X30	机器人工作完成	DO3	
X31	机器人紧急停止输入	DO4	EStop
X01	（面板）起动按钮 SB1		
X02	（面板）复位按钮 SB2		
X03	（面板）暂停按钮 SB3		
X04	（面板）急停按钮 QS1		

2. 实训模式 I/O 分配表

所有信号均分布在面板上，根据工作站任务要求进行配置，见表 3-4-8。

表 3-4-8　实训模式 I/O 分配表

面板按钮	信号(Signal)	系统输入(System Input)	类型(Argument)
SB1	DI1	MotorOn	
SB2	DI2	StartMain	CYCLE
SB3	DI3	Stop	
SB4	DI4	Start	CYCLE
面板指示灯	信号(Signal)	系统输入(System Input)	
H1	DO1	AutoOn	
H2	DO2	MotorOn	

六、线路安装

1. "演示模式"下接线

"演示模式"下 PLC 控制柜内配线已完成，不需要另外接。

2. "实训模式"下接线

根据表 3-4-6 所示完成机器人 I/O 信号和系统信号的关联配置。要求使用安全连线把机器人输入信号 DI1 ~ DI4，接到对应面板上的 SB1 ~ SB4 按钮，按钮公共端接 0V；机器人的输出信号 DO1 和 DO2 接入面板指示灯 H1 和 H2 中，指示灯公共端接 24V。接线工艺要求如下：

1）所有安全连线用扎带固定，控制面板布线合理，布局美观。

2）安全连线插线牢靠无松动。

七、PLC 程序设计

根据控制要求，参照表 3-4-5，设计 PLC 梯形图程序如图 3-4-27 所示。

图 3-4-27　PLC

```
39  M20                                           ─[ RST    Y031
    起动标志                                               (DI4) 机
                                                          器人急停
                                                          复位

                                                  ─[ RST    Y032
                                                          (DI5) 机
                                                          器人停止

42  M20      T3                                          ( Y026 )
    起动标志                                               (DI1) 机
                                                          器人电动
                                                          机上电

                                                          K20
                                                         ( T3   )

             T3      X026      M2                        ( Y030 )
                    (DO1)机    暂停记忆                    (DI3) 机
                    器人电动                               器人主程
                    机已上电                               序起动

                              M2                         ( Y027 )
                              暂停记忆                    (DI2) 机
                                                          器人程序

58  X031                                          ─[ RST    M2
    (DO4)机                                               暂停记忆
    器人搬运
    完成

61  X003     M7                                          ( M6   )
    暂停按钮   复位标志                                     暂停标志

    M6                                            ─[ SET    M2
    暂停标志                                               暂停记忆

    Y010                                                 ( Y032 )
    AGV_HA2                                               (DI5) 机
                                                          器人停止

    M11
    暂停_HM
```

部分梯形图

八、确定机器人运动所需示教点

对工作站工作流程分析，模拟涂胶工作站主要是训练机器人在不同行业应用场合的编程及示教。在模拟涂胶过程时，应尽量放慢机器人运行速度与胶枪流量，配合对工件进行涂胶工作，且在机器人点到点及工件转角处应尽量平缓连续。

根据工作站工作流程，可自由选定机器人的运动所需的示教点位置。

九、机器人程序编写

根据机器人运动轨迹编写机器人程序时，首先根据控制要求绘制机器人程序流程图，然后编写机器人主程序和子程序。子程序主要包括机器人初始化子程序、涂胶轨迹子程序。编写子程序前要先设计好机器人的运行轨迹并定义好机器人的程序点。

1. 机器人程序设计

根据控制功能，设计的机器人程序如下：

MODULE Module1

PERS tooldata tGripper：=［TRUE，［［211，0，84.0003］，［1，0，1.26E-07，0］］，［0.001，［0，0，0.001］，［1，0，0，0］，0，0，0］］；

! 定义工具数据 tGripper

TASKPERS wobjdata Wobj_T：=［FALSE，TRUE，""，［［755，-250，0.474］，［0.707106781，0，0，0.707106781］］，［［0，0，0］，［1，0，0，0］］］；

! 定义工件数据 Wobj_T

CONST robtarget Target_10：=［［250，296.99970683，418.526486758］，［0.612372876，0.353553181，0.353553056，-0.612372309］，［-1，-1，0，1］，［9E9，9E9，9E9，9E9，9E9，9E9］］；

! 定义机器人涂胶前初始位置

CONST robtarget Target_20：=［［308.979447492，216.999855548，85.482604702］，［0.612372876，0.353553181，0.353553056，-0.612372309］，［0，0，-1，1］，［9E9，9E9，9E9，9E9，9E9，9E9］］；

! 定义机器人涂胶开始位置点，轨迹编程中通常使用描点法进行编程，即将机器人移动至所需加工的轨迹处，依次记录各目标点位置。目标点的多少直接影响轨迹精度，可根据实际轨迹进行合理的选取，并决定何处直线运行、何处弧线运行，在此工作站中主要应用直线与圆弧组成的立体涂胶空间，采用小段直线与圆弧线拼接而成。

CONST robtarget Target_30：=［［237.088481522，216.999855548，72.806287732］，［0.612372876，0.353553181，0.353553056，-0.612372309］，［-1，-1，0，1］，［9E9，9E9，9E9，9E9，9E9，9E9］］；

CONST robtarget Target_40：=［［190.80251713，169.999855548，64.644823382］，［0.612372876，0.353553181，0.353553056，-0.612372309］，［-1，-1，0，1］，［9E9，9E9，9E9，9E9，9E9，9E9］］；

CONST robtarget Target_50：=［［237.088481522，122.999855548，72.806287732］，［0.612372876，0.353553181，0.353553056，-0.612372309］，［-1，-1，0，1］，［9E9，9E9，9E9，9E9，9E9，9E9］］；

CONST robtarget Target_60：=［［308.979447492，122.999855548，85.482604702］，［0.612372876，0.353553181，0.353553056，-0.612372309］，［0，0，-1，1］，［9E9，9E9，9E9，9E9，9E9，9E9］］；

CONST robtarget Target_70：=［［313.157632934，124.757214861，86.219331526］，［0.612372876，0.353553181，0.353553056，-0.612372309］，［0，0，-1，1］，［9E9，9E9，9E9，9E9，9E9，9E9］］；

CONST robtarget Target_80：=[[314.88829401,128.999855548,86.524493768],[0.612372876,0.353553181,0.353553056,−0.612372309],[0,0,−1,1],[9E9,9E9,9E9,9E9,9E9,9E9]];

CONST robtarget Target_90：=[[314.88829401,210.999855548,86.524493768],[0.612372876,0.353553181,0.353553056,−0.612372309],[0,0,−1,1],[9E9,9E9,9E9,9E9,9E9,9E9]];

CONST robtarget Target_100：=[[313.157632934,215.242496235,86.219331526],[0.612372876,0.353553181,0.353553056,−0.612372309],[0,0,−1,1],[9E9,9E9,9E9,9E9,9E9,9E9]];

CONST robtarget Target_110：=[[308.979447492,216.999855548,85.482604702],[0.612372876,0.353553181,0.353553056,−0.612372309],[0,0,−1,1],[9E9,9E9,9E9,9E9,9E9,9E9]];

PROC main()

    MoveL Target_10,v500,z0,tGripper\WObj：=Wobj_T；

！机器人首先运动到涂胶前初始位置

    MoveL Offs（Target_20,0,0,50），v500,z0,tGripper\WObj：=Wobj_T；

！机器人运动到涂胶第1个位置点上方

    MoveL Target_20,v10,fine,tGripper\WObj：=Wobj_T；

！机器人直线运动到涂胶第1个位置点

    Set do_Start；

！置位涂胶工具信号

    MoveL Target_30,v10,z0,tGripper\WObj：=Wobj_T；

！机器人直线运动到涂胶第2个位置点

    MoveC Target_40,Target_50,v10,z0,tGripper\WObj：=Wobj_T；

！机器人圆弧运动到涂胶第3个位置点，下同

    MoveL Target_60,v10,z0,tGripper\WObj：=Wobj_T；

    MoveC Target_70,Target_80,v10,z0,tGripper\WObj：=Wobj_T；

    MoveL Target_90,v10,z0,tGripper\WObj：=Wobj_T；

    MoveC Target_100,Target_110,v10,fine,tGripper\WObj：=Wobj_T；

    Reset do_Start；

！复位涂胶工具信号

    MoveL Offs(Target_100,0,0,50),v500,z10,tGripper\WObj：=Wobj_T；

    MoveL Target_10,v500,z15,tGripper\WObj：=Wobj_T；

！机器人回到涂胶前初始位置

2. 程序数据修改

1）机器人程序位置点修改。手动操纵机器人到待修改点的位置，进入"程序数据"中的"robtarget"数据，选择待修改的点，单击"编辑"中的"修改位置"完成修改，如图3-4-28所示。

2）同理，依次完成其他点的数据修改。

图 3-4-28 机器人位置点修改

任务测评

对任务实施的完成情况进行检查，并将结果填入表3-4-9内。

表 3-4-9　任务测评表

序号	主要内容	考核要求	评分标准	配分	扣分	得分
1	安装	夹具与模块固定牢紧,不缺少螺钉	1. 夹具与模块安装位置不合适,扣 5 分 2. 夹具或模块松动,扣 5 分 3. 损坏夹具或模块,扣 10 分	10		
2	机器人程序设计与示教操作	I/O 配置完整,程序设计正确,机器人示教正确	1. 操作机器人动作不规范,扣 5 分 2. 机器人未能完成涂装,每个轨迹扣 10 分 3. 缺少 I/O 配置,每个扣 1 分 4. 程序缺少输出信号设计,每个扣 1 分 5. 工具坐标系定义错误或缺失,每个扣 5 分	70		
3	PLC 程序设计	PLC 程序正确;I/O 配置完整;PLC 程序完整	1. PLC 程序出错,扣 3 分 2. PLC 配置不完整,每个扣 1 分 3. PLC 程序缺失,视情况严重性扣 3~10 分	10		
4	安全文明生产	劳动保护用品穿戴整齐;遵守操作规程;讲文明礼貌;操作结束要清理现场	1. 操作中,违反安全文明生产考核要求的任何一项扣 5 分,扣完为止 2. 当发现学生有重大事故隐患时,要立即予以制止,并每次扣安全文明生产总分 5 分 3. 穿戴不整洁,扣 2 分;设备未还原,扣 5 分;现场未清理,扣 5 分	10		
合　计				100		
开始时间:			结束时间:			

巩固与提高

一、填空题（将正确答案填入括号内）

1. 涂装机器人一般具有_____个可自由编程的轴;_____具有较大的运动空间,进行涂装作业时可以灵活避障;手腕一般有_____个自由度,适合对工件内部、狭窄空间及复杂结构的涂装。

2. 目前工业生产应用中较为普遍的涂装机器人按照手腕结构分主要有两种:_____涂装机器人和_____涂装机器人,其中_____手腕机器人更适合用于涂装作业。

3. 图 3-4-29 所示为涂装机器人系统组成示意图。其中,编号 1 表示_____,编号 2 表示_____,编号 3 表示_____,编号 4 表示_____。

图 3-4-29

二、选择题（将正确答案的序号填入括号内）

1. 涂装条件的设定一般包括（　　）。

① 涂装流量　　　　② 雾化气压　　　　③ 喷幅（调扇幅）气压

④ 线式装配　　　　⑤ 颜色设置表

A. ①②⑤　　　　B. ①②③⑤　　　　C. ①③　　　　D. ①②③④⑤

2. 柔性涂装单元的工作方式有（　　）。

① 跟踪模式　　　　② 非协调模式　　　　③ 动/静模式　　　　④ 流动模式

A. ①②④　　　　B. ①②③　　　　C. ①③④　　　　D. ①②③④

3. 涂装机器人的常见外围辅助设备主要有（　　）。

① 机器人行走单元　　② 工件传送（旋转）单元　　③ 涂装生产线控制盘

④ 喷枪清理装置　　　　⑤ 防爆吹扫系统

A．①②⑤　　B．①②③　　C．①③⑤　　D．①②③④

三、判断题（正确的打"√"，错误的打"×"）

（　　）1．空气涂装更适用于金属表面或导电性良好且结构复杂的表面，或是球面、圆柱面的涂装。

（　　）2．某汽车厂，车型单一，生产节拍稳定，其生产线布局最好选取并行盒子布局以减少投资成本。

（　　）3．涂装机器人的工具中心点（TCP）通常设在喷枪的末端中心处。

四、综合应用题

用机器人完成图 3-4-30 所示汽车顶盖的涂装作业，回答以下问题：

1．结合具体示教过程，填写在表 3-4-10（请在相应选项下打"√"）中。

2．涂装作业条件的设定主要涉及哪些？分别需要在哪些程序点进行设置？

3．程序点 2 至程序点 24 处自动喷枪应当处于何种位姿？

图 3-4-30　题四图

表 3-4-10　汽车顶盖涂装轨迹作业示教

程序点	涂装作业/空走穴		插补方式		
	作业点	空走点	PTP	直线插补	圆弧插补
程序点 1					
程序点 2					
程序点 3					
程序点 4					
程序点 5					
程序点 6					
程序点 7					
程序点 8					
程序点 24					
程序点 25					

模块四

工业机器人管理与维护

任务1　工业机器人的日常管理与维护

学习目标

知识目标：1. 掌握了解机器人的系统结构。

2. 熟悉机器人主机、控制柜主要部件的工作过程及管理。

3. 掌握机器人日常检查保养维护的项目。

能力目标：1. 能够进行机器人的日常管理。

2. 能够对机器人进行定期保养维护。

3. 能够对机器人简单故障进行维修。

工作任务

机器人在现代企业生产活动中的地位和作用十分重要，而机器人状态的好坏则直接影响机器人的工作效率是否得到充分利用，进而影响企业的经济效益。因此，机器人管理和维护的主要任务之一就是保证机器人正常运转，管理维护的好，机器人工作的效率就高，企业取得的经济效益就大，相反，再好的机器人也无法发挥作用。

本任务的内容是：通过学习，熟悉机器人主机、控制柜主要部件的工作过程及管理，掌握机器人日常检查保养维护的项目，并能对机器人进行定期保养维护，同时能够对机器人的简单故障进行维修。

相关知识

一、工业机器人的系统安全和工作环境安全管理

在设计和布置机器人系统时，为使操作员、编程员和维修人员能得到恰当的安全防护，应按照机器人制造厂商的规范进行。为确保机器人及其系统与预期的运行状态相一致，则应评价分析所有的环境条件，包括爆炸性混合物、腐蚀情况、湿度、污染物、温度、电磁干扰（EMI）、射频干扰（RFI）和振动等是否符合要求，否则应采取相应的措施。

1. 机器人系统布局

控制装置的机柜宜安装在安全防护空间外，便于操作人员在安全防护空间外起动机器人完成工作任务，并且在此位置上操作人员应具有开阔的视野，能观察到机器人运行情况及是否有其他人员处于安全防护空间内。若控制装置被安装在安全防护空间内，则其位置和固定方式应能满足在安全防护空间内各类人员的安全要求。

2. 机器人系统安全管理

1）机器人系统的布置应避免机器人运动部件和与作业无关的周围固定物体（例如建筑结构件、公用设施等）之间的挤压和碰撞，应设置安全间距，一般最少为 0.5m。但那些与机器人完成作业任务相关的机器人和装置（例如物料传送装置、相关工具台以及相关机床等）则不受约束。

2）当要求由机器人系统布局来限定机器人各轴的运动范围时，应按要求来设计限定装置，调整器件至正确位置并可靠固定。

在设计末端执行器时，应满足当动力源（电气、液压、气动及真空等）发生变化或消失时，负载不会松脱落下或发生危险（例如飞出）；同时，在机器人运动时由负载和末端执行器所生成的静力和动力及力矩应不超过机器人的负载能力。机器人系统的布置应考虑操作人员进行手动作业时（例如零件的上下料）的安全防护。可通过传送装置、移动工作台、旋转工作台、滑道推杆、气动和液压传送机构等过渡装置来实现，使手动上下料的操作人员置身于安全防护空间之外。但这些自动移出或送进的装置不应产生新的危险。

3）机器人系统的安全防护可采用一种或多种安全防护装置，比如固定式或联锁式防护装置，包括双手控制装置、智能装置、握持-运行装置、自动停机装置或限位装置等；现场传感安全防护装置（PSSD），包括安全光幕或光屏、安全垫系统、区域扫描安全系统、单路或多路光束等。机器人系统安全防护装置的作用：

① 防止各操作阶段中无关人员进入危险区域。

② 中断引起危险的来源。

③ 防止非预期的操作。

④ 容纳或接受机器人系统作业过程中可能掉落或飞出的物件。

⑤ 控制作业过程中产生的其他危险（例如抑制噪声、遮挡激光或弧光、屏蔽辐射等）。

3. 机器人工作环境安全管理

根据《机械安全基本概念与设计通则 第 1 部分：基本术语和方法》（GB/T 15706.1—2007）的定义，安全防护装置是安全装置和防护装置的统称。安全装置是"消除或减小风险的单一装置或与防护装置联用的装置（而不是防护装置）"。例如，联锁装置、使能装置、握持-运行装置、自动停机装置和限位装置等。防护装置是"机器的组成部分，用于提供保护的物理屏障。根据其结构，防护装置可以是壳、罩、屏、门、封闭式防护装置等"，如图 4-1-1 所示。机器人安全防护装置有固定式、活动式、可调式、联锁式、带防护锁的联锁式防护装置及可控防护装置。

图 4-1-1　机器人安全防护装置

为了减小已知的危险和保护工作人员的安全，在设计机器人系统时，应根据机器人系统的作业任务及风险评估的结果，选择合适的安全防护装置。所选的安全防护装置应按照制造厂的说明进行使用和安装。

（1）固定式防护装置

1）通过紧固件（例如螺钉、螺栓、螺母等）或通过焊接将防护装置永久固定。

2）其结构能经受预定的操作和环境产生的作用力，即应考虑结构强度与刚度。

3）其构造应不增加任何附加危险（例如应尽量减少锐边、尖角、凸起等）。

4）不使用工具就无法能移开固定部件。

5）隔板或栅栏底部距地面不大于 0.3m，高度应不低于 1.5m。

【提示】　在物料搬运机器人系统周围安装的隔板或栅栏应有足够的高度，以防止工件由于末端夹持器松脱而飞出隔板或栅栏。

（2）联锁式防护装置

1）在机器人系统中采用联锁式防护装置时，应考虑下述原则：

① 防护装置关闭前，联锁能防止机器人系统自动操作。

② 在意外伤害的风险消除前，具有防护锁的联锁式防护装置应处于关闭和锁定状态；或当机器人系统工作时，防护装置被意外打开，应给出停止或急停指令。联锁装置起作用时，若不产生其他危险，则应能从停止位置重新起动机器人运行。

中断动力源可消除进入安全防护区之前的危险，但动力源中断不能立即消除危险，则联锁系统中应含有锁定或制动功能。

在进入安全防护空间的联锁门处，应考虑设有防止无意关闭联锁门的机构或装置（例如采用两组以上触点，或具有磁性编码的磁性开关等）。应确保所安装的联锁装置的动作在避免了一种危险（例如使机器人停止危险运动）时，不会引起另外的危险发生（例如使危险物质进入工作区）。

2）在设计联锁系统时，也应考虑安全失效的情况，即一旦某个联锁器件发生不可预见的失效时，安全功能应不受影响。若万一受影响，则机器人系统仍应保持在安全状态。

3）在机器人系统的安全防护中经常使用现场传感装置，在设计时应遵循下述原则：

① 现场传感装置的设计和布局应能使传感装置未起作用前人员不能进入，且身体各部位不能伸到限定空间内。为了防止人员绕过传感装置进入危险区，要求将现场传感装置与隔栏配合使用。

② 在设计和选择现场传感装置时，应考虑到其作用不受系统所处的任何环境条件（例如湿度、温度、噪声和光照等）的影响。

（3）安全防护空间　安全防护空间是由机器人外围安全防护装置（例如栅栏等）所组成的空间。确定其大小是通过风险评估来确定超出机器人限定空间而需要增加的空间。一般应考虑当机器人在作业过程中，所有人员身体各部分均不能接触到机器人运动部件和末端执行器或工件的运动范围。

（4）动力断开

1）机器人系统及外围机器人的动力源应满足行业标准以及本地区或国家的电气构成规范要求，并按要求进行接地。

2）在设计机器人系统时，应考虑维护和修理的需要，必须具备与动力源断开的技术措施。断开必须做到既可见（例如运行明显中断），又能通过检查断开装置操作器的位置而确认，而且能将切断装置锁定在断开位置。切断电器电源的措施应符合相应的电气安全标准。机器人系统或其他相关机器人动力断开时，应不发生危险。

（5）急停　机器人系统的急停电路应超越其他所有控制，使所有运动停止，并从机器人驱动器上和可能引起危险的其他能源（例如外围机器人中的涂装系统、焊接电源、运动系统和加热器等）上撤出驱动动力。

1）每台机器人的操作站和其他能控制运动的场所都应设有易于迅速接近的急停装置。

2）机器人系统的急停装置应如机器人控制装置一样，其按钮应是掌揿式或蘑菇头式，衬底为黄色的红色按钮，且要求人工复位。

3）重新起动机器人系统时，应在安全防护空间外，按规定的起动步骤进行。

4）若机器人系统中安装有两台机器人，且两台机器人的限定空间具有相互交叉的部分，则其共用的急停电路应能停止他们的运动。

（6）远程控制　当机器人控制系统需要具有远程控制功能时，应采取有效措施防止由其他场所起动机器人运动而产生的危险。

具有远程操作（例如通过通信网络）功能的机器人系统，应设置一种装置（例如键控开关），以保证在进行本地控制时，任何远程命令均不能引发危险。

1）当现场传感装置已起作用时，只要不产生其他危险，可将机器人系统重新起动。

2）在恢复机器人运动时，应撤除传感区域的阻断，此时不应使机器人系统重新起动自动操作功能。

3）应具有指示现场传感装置工作状态的指示灯，其安装位置应易于观察。可以集成在现场传感装置中，也可以是机器人控制接口的一部分。

（7）警示方式　在机器人系统中，为了引起人们注意潜在危险，应采取警示措施。包括栅栏或信号器件。他们是被用于识别通过上述安全防护装置没有阻止的残留风险，但警示措施不应是前面所述安全防护装置的替代品。

（8）警示栅栏　为了防止人员意外进入机器人限定空间，应设置警示栅栏。

（9）警示信号　为了给接近或处于危险中的人员提供可识别的视听信号，应设置和安装信号警示装置。在安全防护空间内采用可见光信号来警告危险时，应有足够多的器件以便人们在接近安全防护空间时能看到光信号。

音响报警装置则应具有比环境噪声分贝级别更高的，独特的警示声音。

（10）安全生产规程　应该考虑到在机器人系统寿命中的某些阶段（例如调试阶段、生产过程转换阶段、清理阶段和维护阶段），设计出完全适用的安全防护装置去防止各种危险是不可能的，且那些安全防护装置也可以被暂停。在这种状态下，应该采用相应的安全生产规程。

（11）安全防护装置复位　重建联锁门或现场传感装置时，其本身应不能重新起动机器人的自动操作。应要求在安全防护空间小心动作来重新起动机器人系统。重新起动装置的安装位置，应位于安全防护空间内人员无法够到的地方，且能观察到安全防护空间。

二、工业机器人主机及控制柜主要部件的备件管理

1. 机器人主机管理

机器人主机位于机器人控制柜内，是出故障较多的部分。常见故障有串口、并口、网卡接口失灵，无法进入系统，屏幕无显示等。而机器人主板是主机的关键部件，它集成度越高，出故障后的维修难度也越大，需专业维修技术人员借助专门的数字检测设备才能完成。机器人主机主板集成的组件和电路多而复杂，容易发生故障，其中也不乏是人为造成的。

（1）人为因素　热插拔硬件非常危险，许多主板故障都是热插拔引起的。带电插拔主板或插头时用力不当容易造成对接口、芯片等的损害，从而导致主板损坏。

（2）内因　随着机器人使用时间的增长，主板上的元器件就会自然老化，从而导致主板故障。

（3）环境因素　由于操作者的保养不当，机器人主机主板上的灰尘，可以造成信号短路，此外，静电也常造成主板上芯片（特别是 CMOS 芯片）被击穿，引起故障。

因此，要特别注意机器人主机的通风、防尘，减少环境因素引起的主板故障。

2. 机器人控制柜管理

（1）控制柜保养计划表　机器人控制柜需要定期保养，才能正常工作。表 4-1-1 为控制柜保养计划。

表 4-1-1　控制柜保养计划

保养内容	设备	周期	说　明
检查	控制柜	6 个月	
清洁	控制柜		
清洁	空气过滤器		
更换	空气过滤器	4000h/24 个月	小时表示运行时间,而月份表示实际的日历时间
更换	电池	12000h/36 个月	同上
更换	电池	60 个月	同上

（2）检查控制柜　控制柜的检查方法与步骤见表 4-1-2。

表 4-1-2　控制柜的检查方法与步骤

步骤	操 作 方 法
1	检查并确定控制柜内无杂质,如果发现杂质,及时清除并检查柜子的衬垫和密封
2	检查控制柜的密封结合处及电缆密封管的密封性,确保灰尘和杂质不会从这些地方进入控制柜内
3	检查插头及电缆连接的地方是否松动,电缆是否有破损
4	检查空气过滤器是否干净
5	检查风扇是否正常工作

在维修控制柜或连接到控制柜上的其他单元之前，应注意以下几点：

1）断掉控制柜的所有供电电源。

2）控制柜或连接到控制柜的其他单元内部很多元件都对静电很敏感，如果受静电影响，有可能损坏。

3）在操作时，必须佩戴接地的静电防护装置，例如特殊的静电手套等，有的模块或元件装了静电保护扣，用来连接保护手套，请正确使用。

（3）清洁控制柜　所需设备有一般清洁器具和真空吸尘器。一般用软刷蘸酒精清洁外部柜体，用真空吸尘器进行内部清洁。控制柜内部的清洁方法与步骤见表 4-1-3。

表 4-1-3　控制柜内部的清洁方法与步骤

步骤	操 作 方 法	说　明
1	用真空吸尘器清洁控制柜内部	
2	如果控制柜里面装有热交换装置,需保持其清洁。这些装置通常位于供电电源、计算机模块及驱动单元后面	如果需要,可以先移开热交换装置,然后再清洁控制柜

清洗控制柜之前的注意事项：

1）尽量使用前面介绍的工具清洗，否则容易造成其他问题。

2）清洁前检查保护盖或者其他保护层是否完好。

3）严禁使用非指定清洁用品，如压缩空气及溶剂等。

4）严禁使用高压清洁器喷射清洁。

三、工业机器人维护和保养

1. 控制装置及示教器检查

机器人控制装置及示教器的检查见表 4-1-4。

2. 机器人本体检查

机器人本体检查见表 4-1-5。

表 4-1-4　控制装置及示教器检查

序号	检查内容	检查事项	方法及对策
1	外观	(1)机器人本体和控制装置是否干净 (2)电缆外观有无损伤 (3)通风孔是否堵塞	(1)清扫机器人本体和控制装置 (2)目测外观有无损伤,如果有应紧急处理,损坏严重时应进行更换 (3)目测通风孔是否堵塞并进行处理
2	复位急停按钮	(1)面板急停按钮是否正常 (2)示教器急停按钮是否正常 (3)外部控制复位急停按钮是否正常	开机后用手按动面板复位急停按钮,确认有无异常,损坏时进行更换
3	电源指示灯	(1)面板、示教器、外部机器、机器人本体的指示灯是否正常 (2)其他指示灯是否正常	目测各指示灯有无异常
4	冷却风扇	运转是否正常	打开控制电源,目测所有风扇运转是否正常,若不正常予以更换
5	伺服驱动器	伺服驱动器是否洁净	清洁伺服驱动器
6	底座螺栓	检查有无缺少、松动	用扳手拧紧、补缺
7	盖类螺栓	检查有无缺少、松动	用扳手拧紧、补缺
8	放大器输入/输出电缆安装螺钉	(1)放大器输入/输出电缆是否连接 (2)安装螺钉是否紧固	连接放大器输入/输出电缆,并紧固安装螺钉
9	编码器电池	机器人本体内的编码器挡板上的蓄电池电压是否正常	电池没电,机器人遥控盒显示编码器复位时,按照机器人维修手册进行更换(所有机型每2年更换一次)
10	I/O 模块的端子导线	I/O 模块的端子导线是否连接导线	连接 I/O 模块的端子导线,并紧固螺钉
11	伺服放大器的输入/输出电压(AC、DC)	打开伺服电源,参照各机型维修手册测量伺服放大器的输入/输出电压(AC、DC)是否正常,判断基准在±15%范围内	建议由专业人员指导
12	开关电源的输入输出电压	打开伺服电源,参照各机型维修手册,测量个 DC 电源的输入/输出电压。输入端单相 AC 220V,输出端为 DC 24V	建议由专业人员指导
13	电动机抱闸线圈打开时的电压	在电动机抱闸线圈打开时的电压判定基准为 DC 24V	建议由专业人员指导

表 4-1-5　机器人本体检查

序号	检查内容	检查事项	方法及对策
1	整体外观	机器人本体外观上有无脏污、龟裂及损伤	清扫灰尘、焊接飞溅,并进行处理(用真空吸尘器、用布擦拭时使用少量酒精或清洁剂、用水清洁加入防腐剂)
2	机器人本体安装螺钉	机器人本体所安装螺钉是否紧固	紧固螺钉和各零部件
3	同步带	检查同步带的张紧力和磨损程度	(1)同步带的张紧程度进行调整 (2)损伤、磨损严重时要更换
4	伺服电动机安装螺钉	伺服电动机安装螺钉是否紧固	紧固螺钉
5	超程开关的运转	闭合电源开关,打开各超程开关,检查运转是否正常	检查机器人本体上有几个超程开关
6	原点标志	原点复位,确认原点标志是否吻合	目测原点标志是否吻合(思考:不吻合时如何进行示教修正操作?)
7	腕部	(1)伺服锁定时腕部有无松动 (2)在所有运转领域中腕部有无松动	松动时要调整锥齿轮(思考:如何调整锥齿轮松动?)
8	阻尼器	检查所有阻尼器是否有损伤,破裂或存在大于 1mm 的印痕,检查连接螺钉是否变形	目测到任何损伤必须更换新的阻尼器,如果螺钉有变形更换连接螺钉

（续）

序号	检查内容	检查事项	方法及对策
9	润滑油	检查齿轮箱润滑油量和清洁程度	卸下注油塞用带油嘴和集油箱的软管排出齿轮箱中的油，装好注油塞，重新注油（注油量视排出量而定）
10	平衡装置	检查平衡装置有无异常	卸下螺母，拆去平衡装置防护罩，抽出部分气缸以检查内部平衡缸，擦干净内部并目测内部环有无异常，更换任何有异常的部分，推回气缸装好防护罩并拧紧螺母
11	防碰撞传感器	闭合电源开关，拨动机器人本体使防碰撞传感器运转，检查紧急停止功能是否正常	防碰撞传感器损坏或不能正常工作时应进行更换
12	空转（刚性损伤）	运转各轴检查是否有刚性损伤	（思考：如何确认刚性损伤）
13	锂电池	检查锂电池使用时间	每两年更换一次
14	电线束、谐波油（黄油）	检查机器人本体内电线束上黄油的情况	在机器人本体内电线束上涂敷黄油，更换周期为三年
15	所有轴的异常振动、声音	检查所有运转中轴的异常振动和声音	用示教器手动操作转动各轴，不能有异常振动和声音
16	所有轴的运转区域	示教器手动操作转动各轴，检查在软限位报警时是否达到硬限位	目测是否达到硬限位，进行相应调节
17	所有轴与原来标志的一致性	原点复位后，检查所有轴与原来标志是否一致	用示教器手动操作转动各轴，目测所有轴与原点标志是否一致，不一致时重新检查第6项
18	变速箱润滑油	打开注油塞检查油位	如有漏油，根据需要补油（第一次工作隔6000h进行更换，以后每隔24000h进行更换）
19	外部导线	目测检查有无污迹，损伤	如有污迹、损伤，进行清理或更换
20	外露电动机	目测有无漏油	如有漏油清查并联系专业人员
21	大修	30000h	请联系厂家人员

3. 连接电缆检查

连接电缆的检查见表4-1-6。检查机器人连接电缆时，应先关闭连接到机器人的所有电源、液压源和气压源，然后再进入机器人工作区域进行检查。

表4-1-6　连接电缆检查

序号	检查内容	检查事项	方法及对策
1	机器人本体与伺服电动机相连的电缆	（1）接线端子的松紧程度 （2）电缆外观有无磨损和损伤	（1）用手确认松紧程度 （2）目测外观有无损伤，如果有任何磨损应及时更换
2	接口电缆	同机器人本体与伺服电动机相连的电缆	同上
3	与控制装置相连的电缆	（1）接线端子的松紧程度 （2）电缆外观（包括示教器及外部轴电缆）有无损伤	同上
4	接地线	（1）本体与控制装置间是否接地 （2）外部轴与控制装置间是否接地	目测并进行接地
5	电缆导向装置	检查底座上的连接器，电缆导向装置有无损坏	如有任何磨损损坏及时更换

任务实施

一、任务准备

实施本任务教学所使用的实训设备及工具材料见表 4-1-7。

表 4-1-7　实训设备及工具材料

序号	分类	名称	型号规格	数量	单位	备注
1	工具	活扳手	8～9mm	1	把	
2		外六星套筒	20～60	1	套	
3		套筒扳手组		1	套	
4		转矩扳手	10～100N·m	1	把	
5		转矩扳手	75～400N·m	1	把	
6		转矩扳手	1/2 的棘轮头	1	把	
7		双鼓铆钉钳		1	把	
8	设备器材	内六角螺钉	5～17mm	若干	颗	
9		外六角螺钉	M10×100	若干	颗	
10		外六角螺钉	M16×90	若干	颗	

二、工业机器人控制柜检查与维护

机器人控制柜需要定期保养，以便其正常工作。其保养计划见表 4-1-8。

表 4-1-8　保养计划

保养内容	设备	周期	说明
检查	控制柜	6 个月	
清洁	控制柜		
清洁	空气过滤器		
更换	空气过滤器	4000h/24 个月	
更换	电池	12000h/36 个月	
更换	风扇	60 个月	

1. 控制柜检查

检查控制柜的方法和步骤如下：

1）断开控制柜的所有电源。

2）由于控制柜或连接到控制柜的其他单元内部很多元件都对静电很敏感，如果受静电影响，有可能损坏，在操作时，必须佩戴接地的静电防护装置，例如特殊的静电手套等。有的模块或元件装了静电保护扣，用来连接保护手套，请正确使用。

3）检查并确定控制柜内部无杂质，如果发现杂质，及时清除并检查柜子的衬垫和密封层。

4）检查控制柜的密封结合处及电缆密封管的密封性，确保灰尘和杂质不会从这些地方进入柜子里面。

5）检查插头及电缆连接的地方是否松动，电缆是否损坏。

6）检查空气过滤器是否干净。

7）检查风扇是否正常工作。

2. 清洁控制柜

清洁控制柜的方法及步骤如下：

1）用真空吸尘器清洁控制柜内部。

2）如果控制柜有热交换装置，需保持其清洁。这些装置通常在供电电源、计算机模块和驱动单元后面。如果需要，可以先移开热交换装置，然后再清洁控制柜。

【提示】

① 尽量使用上述介绍的工具，否则容易造成其他问题。

② 清洁前检查保护盖或者其他保护层是否完好。

③ 清洗前严禁移开任何盖子或保护装置。

④ 严禁使用非指定清洁用品，如压缩空气及溶剂等。

⑤ 严禁使用高压清洁器喷射清洁。

3. 清洁空气过滤器

图 4-1-2 所示是空气过滤器在控制柜内的安装位置。清洁空气过滤器的方法及步骤如下：

1）断开控制柜的所有电源。

2）佩戴接地的静电防护装置。

3）先清洗比较粗糙的一面（接触经过滤的空气那面），再翻转。

4）清洗 3~4 次。

5）晾干过滤网。有两种方法：一是将过滤网平置于平整的表面晾干；二是从面对经过滤的空气那面用压缩空气将其吹干。

图 4-1-2 空气过滤器安装位置

任务测评

对任务实施的完成情况进行检查，并将结果填入表 4-1-9。

表 4-1-9 任务测评表

序号	主要内容	考核要求	评分标准	配分	扣分	得分
1	清洗机器人控制柜	1. 可以打开机器人控制柜并进行检查其清洁程度 2. 能熟练地清洗控制柜中各部件并正确安装	1. 打开控制柜的方法不正确,扣10分 2. 未能正确检查控制柜的清洁程度,扣10分 3. 未能正确拆卸控制柜内各部件,并进行检查,每个扣10分 4. 未能清洗控制柜各部件,每个扣10分 5. 清洗控制柜后未能正确安装各部件,每个扣10分	90		
2	安全文明生产	劳动保护用品穿戴整齐;遵守操作规程;讲文明礼貌;操作结束要清理现场	1. 操作中,违反安全文明生产考核要求的任何一项扣5分,扣完为止 2. 当发现学生有重大事故隐患时,要立即予以制止,并每次扣安全文明生产总分5分	10		
合计				100		
开始时间：			结束时间：			

巩固与提高

一、填空题（将正确答案填入括号内）

1. 机器人的安全管理包括_____和_____。

2. 为使操作人员安全操作，并且能观察到机器人运行情况及是否有其他人员处于安全防护空间内，机器人的控制装置应安装在安全防护空间_____。

3. 机器人主机主板集成的组件和电路多而复杂，容易产生故障，其中也不乏人为造成，包括_____、_____、_____。

4. 机器人控制柜清洁时所需设备有一般清洁器具和真空吸尘器，_____可以用刷子蘸酒精水清洁外部柜体，_____进行内部清洁。

二、选择题（将正确答案的序号填入括号内）

1. 机器人系统安全防护装置的作用是（　　）。

① 防止各操作阶段中无关人员进入危险区域

② 中断引起危险的来源

③ 防止非预期的操作

④ 容纳或接受由于机器人系统作业过程中可能掉落或飞出的工件

⑤ 控制作业过程中产生的其他危险（例如抑制噪声、遮挡激光或弧光、屏蔽辐射等）

A. ①②③　　　B. ①②③④⑤　　　C. ③④⑤　　　D. ①③⑤

2. 清洗机器人控制柜之前的注意事项有（　　）。

① 尽量使用介绍的工具清洗，否则容易造成其他问题　②清洗前检查保护盖或者其他保护层是否完好　③在清洗前，严禁移开任何盖子或保护装置　④严禁使用非指定清洁用品，如压缩空气及溶剂　⑤严禁使用高压清洁器喷射清洁

A. ①②③　　　B. ③④⑤　　　C. ①③⑤　　　D. ①②③④⑤

三、简答与分析题

为什么要进行机器人的保养和维护？

任务2　工业机器人本体的保养与维护

学习目标

知识目标：1. 掌握了解机器人的维护周期。

2. 熟悉机器人各部件寿命和检查方法。

3. 掌握机器人日常检查信息标识。

能力目标：1. 能够对机器人各部件进行检查。

2. 能够对机器人损坏部件进行更换。

工作任务

机器人在使用过程中，由于物理运动和化学作用，必然会导致技术状况的不断变化和难以避免的非正常现象，以及人为因素造成的损耗，例如松动、干摩擦、腐蚀等，如果不及时

处理，会造成机器人的过早磨损，甚至发生严重事故。

本任务的内容是：通过学习，熟悉机器人本体各部分的维护和保养。

相关知识

一、工业机器人维护周期

为确保机器人正常工作，必须对其进行维护和保养，表 4-2-1 列出了各部分的维护方式及维护周期。

表 4-2-1 机器人各部分的维护方式及维护周期

维护类型	设备	周期	注意	关键词
检查	轴 1 的齿轮，油位	12 个月	环境温度<50℃	检查,油位,变速箱 1
检查	轴 2 的齿轮，油位	12 个月	环境温度<50℃	检查,油位,变速箱 2
检查	轴 3 的齿轮，油位	12 个月	环境温度<50℃	检查,油位,变速箱 3
检查	轴 4 的齿轮，油位	12 个月	环境温度<50℃	检查,油位,变速箱 4
检查	轴 5 的齿轮，油位	12 个月	环境温度<50℃	检查,油位,变速箱 5
检查	轴 6 的齿轮，油位	12 个月	环境温度<50℃	检查,油位,变速箱 6
检查	平衡设备	12 个月	环境温度<50℃	检查,平衡设备
检查	机械手电缆	12 个月		检查动力电缆
检查	轴 2-5 的节气阀	12 个月		检查轴 2-5 的节气阀
检查	轴 1 的机械制动	12 个月		检查轴 1 的机械制动
更换	轴 1 的齿轮油	48 个月	环境温度<50℃	更换,变速箱 1
更换	2 的齿轮油	48 个月	环境温度<50℃	更换,变速箱 2
更换	轴 3 的齿轮油	48 个月	环境温度<50℃	更换,变速箱 3
更换	轴 4 的齿轮油	48 个月	环境温度<50℃	更换,变速箱 4
更换	轴 5 的齿轮油	48 个月	环境温度<50℃	更换,变速箱 5
更换	轴 6 的齿轮油	48 个月	环境温度<50℃	更换,变速箱 6
更换	轴 1 的齿轮	96 个月		
更换	轴 2 的齿轮	96 个月		
更换	轴 3 的齿轮	96 个月		
更换	轴 4 的齿轮	96 个月		
更换	轴 5 的齿轮	96 个月		
更换	机械手动力电缆			检测到破损或达到使用寿命时更换
更换	SMB 电池	36 个月		
润滑	平衡设备轴承	48 个月		

注：如果机器人的工作环境高于 50℃，则需要保养更加频繁。轴 4 和轴 5 的变速箱的维护周期不是由 SIS 计算出来的。

二、机器人各部件预期寿命

以 ABB IRB 660 机器人为例，由于各部件工作强度的不同，预期寿命也会有很大的不同。

1. 机器人动力电缆

机器人动力电缆的寿命约 2000000 个循环。1 个循环表示每个轴从标准位置到最小角度再到最大角度，然后回到标准位置。如果离开这个循环，则寿命会不一样。

2. 限位开关及风扇电缆

同动力电缆。

3. 平衡设备

同机器人动力电缆。

4. 变速箱

变速箱的寿命为 40000h。正常条件下点焊，机器人定义年限为 8 年（350000 个循环每年）。鉴于实际工作的不同，也许每个变速箱的寿命会和标准定义不一样。SIS（Service information system）会保存各个变速箱的运行轨迹，如果需要维护，会通知用户。

三、变速箱油位检测

1. 轴 1 变速箱油位检测

轴 1 的变速箱位于骨架和基座之间，如图 4-2-1 所示。对其油位的检测方法及步骤如下：

1）打开油塞，检查油位。

2）最低油位：离油塞孔不超过 10mm。

3）如有必要，则加油。

4）装上油塞（上紧油塞扭矩：24N·m）。

2. 轴 2 变速箱油位检测

在轴 2 的电动机和变速箱之间有一个电动机附加装置，以两种方式存在，早期的电动机附加装置是直接附在变速箱上的；在后来的设计中，这个电动机附加装置被附到框架上，另外还设计有一个盖子与电动机附加装置配合。轴 2 的变速箱位于低手臂的旋转中心，在电动机附加装置的下面，图 4-2-2 所示为后期设计的电动机附加装置的位置图。轴 2 变速箱油位的检测方法及步骤如下：

图 4-2-1 轴 1 变速箱位置

1）打开加油孔油塞。

2）从加油孔处测量油位，根据电动机附加装置来判断，早期设计的必要油位：65mm±5mm；后期的设计，离加油孔不超过 10mm。

3）如有必要，则加油。

4）盖好油塞（上紧油塞扭矩：24N·m）。

3. 轴 3 变速箱油位检测

轴 3 的变速箱位于上臂的旋转中心，如图 4-2-3 所示。轴 3 变速箱油位的检测方法及步骤如下：

1）将机械手运行到标准位置。

2）打开加油孔油塞。

3）从加油孔处测量油位，根据电动机附加装置来判断，早期设计的必要油位：65mm±5mm；后期的设计，离加油孔不超过 10mm。

4）如有必要，则加油。

5）盖好油塞（上紧油塞扭矩：24N·m）。

4. 轴 4 变速箱油位检测

轴 4 的变速箱位于上臂的最后方，如图 4-2-4 所示。轴 4 变速箱油位的检测方法及步骤如下：

1）将机械手运行到标准位置。

2）打开加油孔油塞。

3）最低油位离加油孔不超过 10mm。

图 4-2-2 电动机附加装置位置

图 4-2-3 轴 3 变速箱位置

4）如缺油，则加油。

5）盖好油塞（上紧油塞扭矩：24N·m）。

5. 轴 5 变速箱油位检测

轴 5 的变速箱位于腕关节单元，如图 4-2-5 所示。轴 5 变速箱油位的检测方法及步骤如下：

1）转动腕关节单元，使所有的油塞向上。

2）打开加油孔油塞。

3）测量油位，最低油位离加油孔不超过 30mm。

4）如缺油，则加油。

5）盖好油塞（上紧油塞扭矩：24N·m）。

图 4-2-4 轴 4 变速箱位置

图 4-2-5 轴 5 变速箱位置

6. 轴 6 变速箱油位检测

轴 6 的变速箱位于腕关节单元的中心，如图 4-2-6 所示。轴 6 变速箱油位的检测方法及步骤如下：

1）确定进油孔油塞向上。

2）打开加油孔油塞。

3）测量油位，正确油位离加油孔 55mm±5mm。

4）如缺油，则加油。

5）盖好油塞（上紧油塞扭矩：24N·m）。

图 4-2-6　轴 6 变速箱位置

四、平衡装置检查

平衡装置位于机械手的上后方，如图 4-2-7 所示。如果发现损坏，则应根据平衡装置的型号采取不同的措施。3HAC 14678-1 和 3HAC 16189-1 需要维修，而 3HAC 12604-1 则需要升级。

检查平衡装置的方法及步骤如下：

1）检查轴承、齿轮和轴是否协调，确定安全螺栓在正确位置且未损坏（M16×180，力矩：50N·m）。

2）检查气缸是否协调，如果内部弹簧发出异响，则需要维修/升级平衡装置。

3）检查活塞杆，如果听见啸叫声，则表明轴承有问题，或者有杂质进入，或者轴承润滑不足。应当进行维修/升级。

图 4-2-7　平衡装置

4）检查活塞杆是否有刮擦声，是否用旧或者表面不平坦。

5）如发现以上问题，按照维修或者升级包上的说明书来进行维修或升级。

在进行机器人平衡装置的检查时应注意以下几点：

1）在机器人运行后，电动机和齿轮温度都很高，注意避免烫伤。

2）关闭所有电源、液压源及气压源。

3）当移动一个部位时，做一些必要的保护措施确保机械手不会倒下来，例如：当拆除轴 2 的电动机时，要固定低处的手臂。

4）要在指定的环境下处理平衡装置。

五、检查动力电缆保护壳

1. 机器人轴 1~4 的电缆保护壳检查

机器人的轴 1~4 的动力电缆分布如图 4-2-8 所示。其电缆保护壳的检查方法及步骤如下：

1）作一个全面目测，看是否有损坏。

2）检查电缆连接插头。

图 4-2-8　机器人轴 1~4 的动力电缆分布

3）检查电缆夹，衬盘是否松动，另外检查电缆是否用带子捆住并且没有损坏。如在下臂进口处发现少许磨损，属正常现象。

4）如有损坏，应更换。

2. 机器人轴5~6的电缆保护壳检查

机器人的轴5~6的电缆保护壳位置如图4-2-9所示。其检查方法及步骤如下：

1）作一个全面目测，看是否有损坏。

2）检查电缆夹和电缆插头，确定电缆夹没有被压弯。

3）如有损坏，应更换。

图 4-2-9 机器人轴5~6的电缆保护壳位置

六、检查信息标识

机器人信息标识的位置如图4-2-10所示。各部位的信息标识名称见表4-2-2。

图 4-2-10 机器人信息标识位置

图 4-2-10　机器人信息标识位置（续）

表 4-2-2　机器人信息标识名称

序号	名称	序号	名称
A	警示标识"高温",3HAC4431-1	E	"吊装机器人"的标识,3HAC16420-1
B	闪烁指示灯,3HAC1589-1	F	警示标识"机器人可能前倾",3HAC9191-1
C	"安全说明"牌,3HAC4591-1	G	铸造号
D	警示标识"刹车松开",3HAC15334-1	H	警示标识,"蓄能"标识,3HAC9526-1

任务实施

一、任务准备

实施本任务教学所使用的实训设备及工具材料见表 4-2-3。

表 4-2-3　实训设备及工具材料

序号	分类	名称	型号规格	数量	单位	备注
1	工具	活扳手	8~9mm	1	把	
2		外六星套筒	20~60	1	套	
3		套筒扳手组		1	套	
4		转矩扳手	10~100N·m	1	把	
5		转矩扳手	75~400N·m	1	把	
6		转矩扳手	1/2 棘轮头	1	把	
7		双鼓铆钉钳		1	把	
8	设备器材	六轴机器人本体	型号自定	1	台	
9		内六角螺钉	5~17mm	若干	颗	
10		外六角螺钉	M10×100	若干	颗	
11		外六角螺钉	M16×90	若干	颗	

二、工业机器人轴的机械停止检修

1. 检修轴 1 的机械停止

轴 1 的机械停止在底座处，如图 4-2-11 所示。

检修轴 1 的机械停止的方法和步骤如下：

1）关闭所有的电源、液压源及气压源。

2）机器人运行后，电动机和齿轮温度都很高，检修时注意避免烫伤。

3）当移动一个部位时，做一些必要的保护措施确保机械手不会倒下来，例如：当拆除轴 2 的电动机时，要固定低处的手臂。

4）按照图 4-2-11 的位置图检查轴 1 的机械停止。

5）确定机械停止可以向任何方向转动。

6）如定位销弯曲或损坏，需更换。

图 4-2-11 轴 1 的机械停止（定位销）位置

2. 轴 1~3 的机械停止检查

轴 1~3 的一些机械停止的位置如图 4-2-12 所示。

检修轴 1~3 的一些机械停止的方法和步骤如下：

1）关闭所有的电源、液压源及气压源。

2）机器人运行后，电动机和齿轮温度都很高，检修时注意避免烫伤。

3）当移动一个部位时，做一些必要的保护措施确保机械手不会倒下来，例如：当拆除轴 2 的电动机时，要固定低处的手臂。

4）按照图 4-2-12 的位置图检查轴 1~3 的机械停止是否损坏。

5）确定这些停止装置安装正确。

图 4-2-12 轴 1~3 的机械停止位置

6）如有损坏，必须更换，使用螺栓（带润滑油 Molycote1000），轴 1 用 M16×35；轴 2 用 M16×50；轴 3 用 M16×60。

三、检测轴 2~5 的抑制装置（制动片）

图 4-2-13 所示标出了轴 2~5 所用抑制装置的位置。

检修轴 2~5 的抑制装置（制动片）的方法和步骤如下：

1）关闭所有的电源、液压源及气压源。

2）机器人运行后，电动机和齿轮温度都很高，检修时注意避免烫伤。

3）当移动一个部位时，做一些必要的保护措施确保机械手不会倒下来，例如：当拆除轴 2 的电动机时，要固定低处的手臂。

4）按照图 4-2-13 的位置图检查所有的制动片是否损坏，是否有裂纹，或是否有超过 1mm

图 4-2-13 轴 2~5 的抑制装置（制动片）位置

的压痕。检修轴 4 时，应先移开上臂顶部的两个盖子。

5）检查锁紧螺栓是否变形。

6）如有损坏，应更换新的制动片。

四、检查轴 1~3 的限位开关

轴 1 的限位开关位置如图 4-2-14 所示，轴 2 的限位开关位置如图 4-2-15 所示，轴 3 的限位开关位置如图 4-2-16 所示。

检修轴 1~3 的限位开关的方法和步骤如下：

1）关闭所有的电源、液压源及气压源。

2）机器人运行后，电动机和齿轮温度都很高，检修时注意避免烫伤。

3）当移动一个部位时，做一些必要的保护措施确保机械手不会倒下来，例如：当拆除轴 2 的电动机时，要固定低处的手臂。

4）限位开关的检查。按照图 4-2-14~图 4-2-16 检查轴 1~3 的限位开关的滚筒是否可以轻松转动。

图 4-2-14 轴 1 的限位开关位置

图 4-2-15 轴 2 的限位开关位置

图 4-2-16 轴 3 的限位开关位置

5）检查外圈。检查外圈是否牢固地被螺栓锁紧。

6）检查凸轮。检查滚筒是否在凸轮上留下压痕；检查凸轮是否清洁，如果有杂质，应擦去；检查凸轮的定位螺栓是否松动或移动。

7）检查轴 1 的保护片。检查是否三片都没有松动，并且没有损坏或变形；检查保护片里面的区域内是否足够清洁，以免影响限位开关的功能。

8）如果发现任何损坏，应立即更换限位开关。

五、UL 信号灯检查

UL 信号灯的位置如图 4-2-17 所示。由于轴 4~6 的安装不一样，UL 灯会有几种不同的位置，具体参照安装图。由于电动机的盖子有两种（平的和拱的），所以 UL 灯也有两种类型。

图 4-2-17 UL 信号灯位置

检修 UL 信号灯的方法和步骤如下：

1）关闭所有的电源、液压源及气压源。

2）机器人运行后，电动机和齿轮温度都很高，检修时注意避免烫伤。

3）当移动一个部位时，做一些必要的保护措施确保机械手不会倒下来，例如：当拆除轴 2 的电动机时，要固定低处的手臂。

4）检查当电动机运行（Motors On）时，灯是否亮着。

5）如果灯没有亮，则：

① 检查灯是否坏了，如果是，则更换。

② 检查电缆和灯的插头。

③ 测量轴 3 电动机控制电压是否有 24V。

④ 检查电缆，如果损坏，则更换。

六、变速箱齿轮油的更换

1. 更换轴 1 变速箱齿轮油

轴 1 变速箱位于骨架和基座之间，如图 4-2-1 所示。更换轴 1 变速箱齿轮油的方法及步骤如下：

1）松开螺栓，移开基座上的后盖。

2）将基座后的排油管拉出来，如图 4-2-18 所示。排油管在基座下方。

3）将油罐放到排油罐末端,接油。

4）打开进油孔处油塞,加速排油速度。

5）打开油管末端,将油排出。排油时间取决于油温。

6）关上油管,将其放回原处。

7）盖上后盖,并拧紧螺栓。

8）打开进油孔,再向里面加油,根据前面定义的正确油位和排油量来确定加油量。

9）盖上进油孔的油塞。

图 4-2-18 排油管位置

【操作提示】

① 关闭所有的电源、液压源及气压源。

② 在机器人运行后,电动机和齿轮温度都很高,加油时注意避免烫伤。

③ 当移动一个部位时,做一些必要的保护措施确保机械手不会倒下来,例如:当拆除轴2的电动机时,要固定低处的手臂。

④ 换油之前,先让机器人运行一会儿,热油更容易被排出。

⑤ 当加油的时候,不要混合任何其他的油,除非特别说明。

⑥ 当给变速箱加油时,避免过量,因为这样会导致压力过高,损坏密封圈或者垫圈;或将密封圈或垫圈完全压紧,影响机器人的自由移动。

⑦ 因为变速箱的油温非常高,在90℃左右,所以在更换或者排放齿轮油的时候必须佩戴防护眼镜和手套。

⑧ 注意变速箱由于温度过高,导致内部压力增加,在打开油塞的时候,里面的油可能会喷射出来。

2. 更换轴2变速箱齿轮油

轴2变速箱位于下臂的旋转中心,在电动机附加装置下面,如图4-2-2所示。更换轴2变速箱齿轮油的方法及步骤如下:

1）移掉通风孔的盖子。

2）打开排油孔油塞,用带头的软管将油排出并用桶接住,排油时间取决于油温。

3）拧紧油塞。

4）打开加油孔油塞。

5）再倒入新润滑油,油位见前面指定的正确油位。

6）盖上进油孔的油塞及通风孔盖子。

3. 更换轴3变速箱齿轮油

轴3变速箱的位置如图4-2-3所示。更换轴3变速箱齿轮油的方法及步骤如下:

1）打开排油孔油塞,用带头的软管将油排入油桶中,为加快排油速度,可以打开进油孔的油塞,排油时间取决于油温。

2）将油塞装好。

3）打开进油孔油塞。

4）再倒入新润滑油,油位见前面指定的正确油位。

5）盖好油塞。

4. 更换轴4变速箱齿轮油

轴4变速箱的位置如图4-2-4所示。更换轴4变速箱齿轮油的方法及步骤如下:

1）将上臂从标准位置运行到-45。

2）打开排油孔和进油孔的油塞。

3）将变速箱内的油排出。

4）将上臂运行回原位置。

5）将排油孔的油塞装好。

6）重新通过进油孔倒入新油，油位见前面指定的正确油位。

7）装好进油孔油塞。

5. 更换轴 5 变速箱齿轮油

轴 5 变速箱的位置如图 4-2-5 所示。更换轴 5 变速箱齿轮油的方法及步骤如下：

1）运行轴 4 到合适的位置，使排油孔向下。

2）打开排油孔和进油孔的油塞。

3）将变速箱内的油排出。

4）将排油孔的油塞装好。

5）运行轴 4 至标准位置。

6）重新通过进油孔倒入新油，油位见前面指定的正确油位。

7）装好进油孔油塞。

6. 更换轴 6 变速箱齿轮油

轴 6 变速箱位于腕关节单元的中心，如图 4-2-6 所示。不同型号的机器人变速箱有不同的设计，所以内部油量也不一样。更换轴 6 变速箱齿轮油的方法及步骤如下：

1）运行机器人，使轴 6 的排油孔向下，油孔位置见图 4-2-6。

2）打开排油塞，将油排出。

3）将排油孔的油塞装好。

4）重新通过进油孔倒入新油，油位见前面指定的正确油位。

5）将进油孔油塞装回原位。

任务测评

对任务实施的完成情况进行检查，并将结果填入表 4-2-4。

表 4-2-4　任务测评表

序号	主要内容	考核要求	评分标准	配分	扣分	得分
1	工业机器人的日常检查	能正确检查机器人本体的各部件	未能检查机器人各部件，扣 20 分	20		
2	工业机器人的检修	1. 能进行工业机器人轴的机械停止检修 2. 能进行工业机器人轴的限位开关检修 3. 能进行 UL 信号灯的检修 4. 能进行变速箱齿轮油的更换	1. 未能进行工业机器人轴的机械停止检修，扣 10 分 2. 未能进行工业机器人轴的限位开关检修 3. 未能进行 UL 信号灯的检修 4. 未能进行变速箱齿轮油的更换，扣 20 分	70		
3	安全文明生产	劳动保护用品穿戴整齐；遵守操作规程；讲文明礼貌；操作结束要清理现场	1. 操作中，违反安全文明生产考核要求的任何一项扣 5 分，扣完为止 2. 当发现学生有重大事故隐患时，要立即予以制止，并每次扣安全文明生产总分 5 分	10		
合　计				100		
开始时间：			结束时间：			